高等职业教育机电类专业"十三五"规划教材

电工技术实训

潘　伟　蔡幼君　主编
王亚妮　主审

U0310296

中国铁道出版社
CHINA RAILWAY PUBLISHING HOUSE

内 容 简 介

本书系统介绍了电工作业人员须掌握的电工工艺与安全技术的理论知识和技能要求,主要内容包括:电工工具和安全用具的正确使用,电工仪表使用与电气测量,触电事故的预防与急救,导线连接与绝缘恢复,管道配线安装双控白炽灯电路,塑槽布线安装插座荧光灯电路,家居照明电路的设计与安装,电动机正反转及点动控制电路的安装与调试,电气防火技术与灭火器的正确使用等。

本书适合作为高等职业院校工科类学生技能基本功训练的实训教材,也可作为企业新招聘员工掌握电工技能操作的岗前培训教材,以及电工特种作业考证培训的参考用书。

图书在版编目(CIP)数据

电工技术实训/潘伟,蔡幼君主编.—北京:中国铁道
出版社,2017.9
高等职业教育机电类专业"十三五"规划教材
ISBN 978-7-113-23244-3

Ⅰ.①电… Ⅱ.①潘… ②蔡… Ⅲ.①电工技术-高等
职业教育-教材 Ⅳ.①TM

中国版本图书馆 CIP 数据核字(2017)第 201663 号

书　　名:电工技术实训
作　　者:潘　伟　蔡幼君　主编

策　　划:秦绪好　　　　　　　　　　读者热线:(010)63550836
责任编辑:何红艳　彭立辉
封面设计:付　巍
封面制作:刘　颖
责任校对:张玉华
责任印制:郭向伟

出版发行:中国铁道出版社(100054,北京市西城区右安门西街8号)
网　　址:http://www.tdpress.com/51eds/
印　　刷:中国铁道出版社印刷厂
版　　次:2017年9月第1版　2017年9月第1次印刷
开　　本:787 mm×1 092 mm　1/16　印张:13　字数:330 千
印　　数:1~2 000 册
书　　号:ISBN 978-7-113-23244-3
定　　价:44.00 元

PREFACE | 前 言

　　本书根据国家骨干高职院校重点建设专业——电气化铁道供电技术、城市轨道交通车辆及数控技术等专业及专业群建设的人才培养方案，构建以项目教学为导向的教学内容。结合岗位和岗位群的职业标准，共设有 11 个学习项目，每个项目均按照项目导入、学习目标、项目情境、相关知识、知识拓展、技能训练、测试题的基本构架进行编写，注重真实工作场景与任务，强化安全意识和基本技能，具有较强的实用性和实践性。书中采用大量的彩色插图和图例，便于学生学习和理解。

　　本书主要内容包括：电工工具和安全用具的正确使用，电工仪表使用与电气测量，触电事故的预防与急救，导线连接与绝缘恢复，管道配线安装双控白炽灯电路，塑槽布线安装插座荧光灯电路，家居照明电路的设计与安装，电动机正、反转及点动控制电路的安装与调试，电动机点动控制电路的安装与调试，电气防火技术与灭火器的正确使用等。

　　本书由广州铁路职业技术学院潘伟、蔡幼君主编，广州地下铁道总公司谭冬华、广州铁路集团公司林高源参与编写。全书由广州铁路职业技术学院王亚妮教授主审。

　　本书在编写过程中，接受了广州铁路职业技术学院多位电工实训老师的建议，并引用了大量的规范、专业文献和资料，在此致以最诚挚的谢意！

　　由于时间仓促，书中难免存在疏漏与不妥之处，恳请广大师生和读者在使用本书的过程中对书中存在的缺点和不足提出批评和建议，以便再版时更正和完善。

编　者

2017 年 5 月

CONTENTS 目 录

项目一 电工工具和安全用具的正确使用

项目导入

　　电工操作人员进行电气工程的施工或作业时,必须使用电工工具或电工安全用具。电工工具和安全用具的好坏、使用是否规范、使用方法是否得当,都将直接影响电气工程的施工质量及工作效率。如果使用不当,会造成生产事故和安全事故,甚至危及施工人员的安全。通过本项目的学习,了解电工工具和安全用具的作用、性能、使用方法,掌握正确的使用方法,对提高工作效率和安全生产都具有重要的意义,也为后续的技能训练打下扎实的基本功。

学习目标

　　(1)熟知常用电工工具和安全用具的种类、性能、用途。
　　(2)能根据各种故障选用合适的工具进行检修。
　　(3)熟练掌握常用电工工具和安全用具的正确使用方法。
　　(4)熟练掌握常用登高工具的正确使用方法。

项目情境

　　本项目的教学建议:在对学生发放工具袋后,让学员一边清点工具一边检查工具的好坏,如用电工刀切削导线,用剥线钳剥导线,用一字螺丝刀或十字螺丝刀对着控制电路板上的开关或其他电器器件的螺钉进行松紧,边讲边练。

相关知识

一、电工常用工具

(一)电工刀

1. 作用
电工刀是一种切削工具,主要用于切削电线头、削制木榫、切割木台、裁割绝缘带等。

2. 种类及规格
电工刀有普通型和多用型两种,如图1-1所示。按刀片长度分有大号、小号,大号长112 mm,小号长88 mm。

3. 使用注意事项
(1)使用电工刀时,刀口应朝外进行操作。
(2)剖削导线绝缘层时,应使刀面与导线面成较小的锐角,以免割伤导线。

（3）电工刀的柄部无绝缘保护，使用时应注意防止触电。

（4）用完将刀身折进刀柄内。

（二）螺丝刀

1. 作用

旋紧或松开螺钉。

2. 种类及规格

螺丝刀有木柄和塑料柄两种，按头部形状的不同可分为一字形和十字形两种（俗称一字批和十字批），如图 1-2 所示；按柄部以外刀体长度的毫米数来分，常有 75 mm、100 mm、150 mm、200 mm、300 mm、400 mm 六种规格。

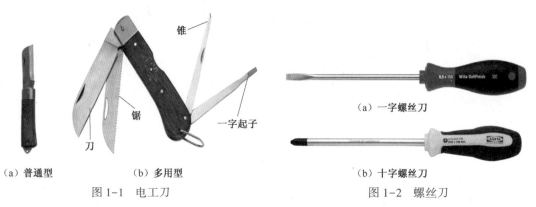

（a）普通型 　　（b）多用型

图 1-1 电工刀

（a）一字螺丝刀

（b）十字螺丝刀

图 1-2 螺丝刀

3. 使用注意事项

（1）电工在作业时，不可使用金属杆直通柄顶的螺丝刀，否则，容易造成触电事故。

（2）使用螺丝刀紧固或拆卸带电的螺钉时，手不得触及螺丝刀金属杆，以免发生触电事故。

（3）为了避免螺丝刀的金属杆触及皮肤，或触及邻近带电体，应在金属杆上穿套绝缘管。

（4）使用螺丝刀时，要选用合适的型号，不允许以大代小，以免损坏电器元件。另外，不可用铁锤敲击柄头。

（三）电工钢丝钳

电工钢丝钳的构造如图 1-3 所示。

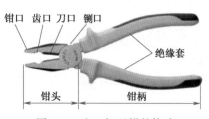

图 1-3 电工钢丝钳的构造

1. 作用

钢丝钳是一种夹捏和剪切的工具。

（1）钳柄套有绝缘套（耐压 500 V），可用于适当的带电作业。

（2）钳口可用来绞绕导线的自缠连接或弯曲芯线、钳夹线头。

（3）齿口可旋动六角小型螺母。

（4）刀口可剪断电线或拔铁钉，也可剖软导线绝缘层。

（5）铡口用来切钢丝、导线线芯等较硬金属。

2. 规格及握法

其规格用钢丝钳总长的毫米数表示，常用的有 150 mm、175 mm、200 mm 三种规格。

电工钢丝钳的握法如图 1-4 所示。使用时，要使钳头的刀口朝向自己。

图 1-4　电工钢丝钳的握法

3. 使用注意事项

(1)使用前,应检查绝缘把柄的绝缘是否完好,绝缘层如有损坏,进行带电作业时就会发生触电事故。

(2)用来剪切带电导线时,不得用刀口同时剪切相线和中性线,以防短路事故发生。

(3)不得用钢丝钳的钳头代替铁锤使用,以免损坏钢丝钳。

(四) 剥线钳

1. 作用

剥线钳是一种用来剥去导线线头绝缘层的专用工具,其柄部套有绝缘管(耐压 500 V),可带电剥导线的绝缘层,如图 1-5 所示。

2. 握法

与电工钢丝钳的握法基本相同,不过咬口要对着自己,以便选择适合的咬口剥线。

(a) 专用剥线钳　　　　　　　　　(b) 轻易剥线钳

图 1-5　剥线钳

3. 使用注意事项

(1)使用时,应注意钳缺口的大小和导线的金属丝直径相对应。缺口选大了,绝缘层剥不下;缺口选小了,就会损伤或切断导线,甚至损坏剥线钳。

(2)不允许把剥线钳当钢丝钳使用,以免损坏剥线钳。

(3)带电操作时,首先要查看柄部绝缘是否良好,检查完好方可工作,以防触电。

(五) 尖嘴钳

1. 作用

尖嘴钳的头部尖细,有细齿,如图 1-6 所示。尖嘴钳适用于在狭小的工作空间操作,主要用途有:

(1)用于剪断细小的导线、金属丝,以及夹持较小的螺钉、垫圈、导线等。

图 1-6　尖嘴钳

(2)用于将单股导线端头弯成接线端子(线鼻子)。

(3)尖嘴钳的柄部套有绝缘管(耐压 500 V),可带电作业。

2. 规格及握法

尖嘴钳按长度分有 130 mm、160 mm、180 mm、200 mm 四种规格。

握法与钢丝钳的握法相同。

3. 使用注意事项

(1)使用时,不能切剪 2 mm 直径以上的金属丝。

(2)用于弯绕金属丝时,直径不宜过大;否则,尖嘴部分容易折断。

(3)使用前,应检查绝缘把柄的绝缘是否完好。如果绝缘层如有损坏,在进行带电作业时就会发生触电事故。

(六)斜口钳

1. 作用

斜口钳有圆弧形的钳头和上翘的刀口,如图 1-7 所示。

主要用途有:

(1)切剪较细的金属丝,如导线、细铁线丝等。

(2)其柄部套有绝缘管(耐压 500 V),可进行带电作业。

2. 规格及握法

斜口钳按长度分有 130 mm、160 mm、180 mm、200 mm 四种规格。

图 1-7　斜口钳

握法与钢丝钳的握法相同。

3. 使用注意事项

(1)不能作钳子使用,因为它无夹持能力。

(2)切剪的金属丝不能过于粗大,以免损坏斜口钳。

(3)带电操作时,首先要查看柄部绝缘是否良好,检查完好方可工作,以防触电。

上述四种钳子的维护方法如下:

(1)钳子沾了水以后,一定要抹干,以防长锈和导电。

(2)活动部分要定期加润滑油,以保证使用灵活。

(3)不能将钳子乱敲乱扔,防止胶套损坏起不了绝缘作用。

(七)低压验电器(又称电笔)

1. 电笔的作用

电笔检验低压电线、电器及电气装置是否带电。任何电气设备未经验电,一律视为有电,不得用手触摸。

2. 种类

常见的电笔有钢笔式、螺丝刀式和电子数字显示式 3 种,如图 1-8 所示。

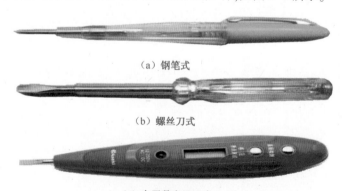

（a）钢笔式

（b）螺丝刀式

（c）电子数字显示式

图 1-8　常见电笔

3. 电笔的构造与握法

传统电笔由工作触点、氖胆、安全电阻、金属弹簧和笔尾金属帽(体)等组成,如图1-9所示。

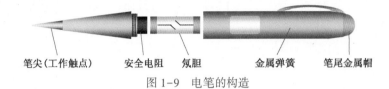

笔尖(工作触点)　　安全电阻　氖胆　　　金属弹簧　笔尾金属帽

图1-9　电笔的构造

电笔的正确握法如图1-10所示。

（a）钢笔式握法　　　　　　　　　　（b）螺丝刀式握法

图1-10　电笔的正确握法

4. 使用注意事项

(1)使用前,必须对电笔进行检查,并到带电体验明良好方可使用。

(2)使用电笔时,必须穿绝缘鞋进行。

(3)在明亮光线下测试时,应注意避光仔细测试。

(4)测量电路或电气设备是否带电时,如果电笔氖胆不亮,应多测两三次,以防误测。

(八) 活扳手

1. 作用

用于紧固和松动螺母。

2. 结构与规格

活扳手主要由活扳唇、呆扳唇、扳口、蜗轮、轴销和手柄等组成,如图1-11(a)所示。

规格:扳手的规格以长度×最大开口宽度(mm)表示,常用的有150 mm×19 mm(6英寸)、200 mm×24 mm(8英寸)、250 mm×30 mm(10英寸)、300 mm×36 mm(12英寸)等。

3. 使用注意事项

(1)活扳手不可反用,以免损坏活扳唇。正确的使用方法如图1-11(b)所示。

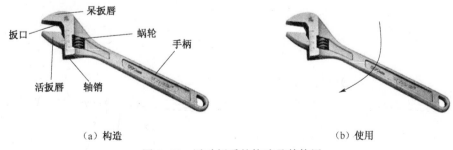

　　呆扳唇

扳口　　　　　蜗轮　　手柄

活扳唇　轴销

（a）构造　　　　　　　　　　　　　　（b）使用

图1-11　活动扳手的构造及其使用

（2）扳动大螺母时,需要较大力矩,手应握在手柄尾部,不可用钢管接长来施加较大的扳拧力矩。

（3）扳动较小螺母时,需要力矩不大,但螺母过小易打滑,故手应握在手柄根部,拇指可随时调节蜗轮,收紧活扳唇防止打滑。

（4）不能把活扳手当撬棒或锤子使用。

(九）喷灯的使用

1. 作用

喷灯是利用喷射火焰对工件进行加热的一种工具。常用于焊接时加热烙铁,铸造时烘烤砂型,热处理时加热工件等。

2. 结构

喷灯主要由火焰喷头、汽化管、燃烧腔、放油调节阀、预热燃烧盘（点碗）、吸油管、加油阀、打气阀、筒体、手柄等组成,如图1-12所示。

3. 种类

喷灯有汽油喷灯和煤油喷灯两种。汽油喷灯只能使用汽油,不能使用煤油或混合油;同样,煤油喷灯只能使用煤油,不能使用汽油或混合油。

4. 汽油喷灯的正确使用方法

（1）加油:汽油自加油孔注入,但只应装至油筒的3/4。加完油后,旋紧加油口的螺栓,关闭放油阀门的阀杆。加油前,要对喷灯进行外观检查,若发现底部外凸就不能使用,灯体外表有锈蚀也不要使用。

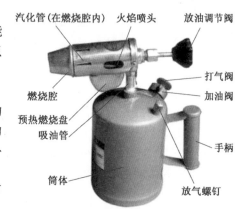

图1-12 喷灯的结造

（2）检查:擦干净撒在喷灯外面的油,打3~5下气,检查喷灯是否有漏油、漏气的现象。

（3）点火:先在点火碗中注2/3汽油点燃,加热燃烧腔。待点火碗的油快烧完时,稍开调节阀,继续加热。注意:点火时应在避风处,工作人员应站在喷嘴侧面,禁止灯与灯互相点火或到炉灶上点火;禁止在带电设备或易燃、易爆物附近点火。

（4）工作:可多次打气加热,但不可打得太足,慢慢开大调节阀,火焰由黄色变蓝色,即可使用;注意喷灯不准对人,喷火口前方不准有易燃物;喷灯火焰距10 kV及以上的带电设备应不小于3 m,距10 kV以下的带电设备应不小于1.5 m。

（5）熄火:停用时,汽油喷灯必须先关闭放油阀,熄灭火焰,待火焰喷头冷却后,才能旋松加油孔盖上的放气螺钉放气,空气放完后旋松调节阀。

5. 煤油喷灯的安全使用规程

（1）喷灯油量只需装到3/4,严禁汽油喷灯装煤油,或者煤油喷灯装汽油,也不允许用混合油。

（2）喷灯打气时禁止灯身与地面摩擦,防止污物进入气门阻塞气道,如进气不畅通时应停止使用,立即送修。

（3）漏油、漏气的喷灯禁止使用。

（4）生火时稍旋开放气螺钉,在避风处用火点燃灯头。点火时,人应站在喷嘴侧面。禁止灯与灯互相点火或到炉灶上点火;禁止在带电设备附近点火。

（5）火力不足时,先用通针疏通喷嘴,若仍有污物阻塞应停止使用。

（6）火力正常时切勿再多打气。

（7）使用中经常检查油量是否过少,灯体是否过热,安全阀是否有效,防止爆炸。

(8)使用前检查底部,若发现外凸就不能使用。

(9)熄火时旋开放气螺钉把气放出,熄灭灯头上余火。

(10)喷灯使用后应揩试干净,放在安全的地方。

二、登高安全用具

(一)梯子

1. 种类

电工常用的梯子有竹梯和人字梯两种。

2. 作用与规格

(1)竹梯通常用于室外登高作业,而人字梯则通常用于室内登高作业。

(2)竹梯常用的规格有 7、9、11、13、15、17、19、21 和 25 挡,竹梯最上面的一挡和最下面的一挡,应用镀锌铁线加以缠绕固牢,规格大的竹梯在中间也应用镀锌铁线加以缠绕固牢。人字梯常用的规格有 7、9、11、13 挡。

3. 使用梯子的注意事项

(1)梯子使用前,要检查是否牢固可靠,是否有虫蛀及折裂现象,是否能承受一定的荷重,不准使用用钉子钉成的木梯。

(2)梯子不准垫高使用,也不可架在不可靠的支撑物上勉强使用。

(3)使用梯子应放置牢靠、平稳,着力不应有所侧重。

(4)梯子与地面的夹角以 60°为宜,使用前应做好防滑措施(梯脚包扎麻布片或用橡胶套)。梯子靠在电线或管道上使用时,上部应用牢固的挂钩;在泥土地面上使用时,梯子应加铁尖。

(5)人字梯张开后,应将钩挂好,不得将工具和材料放在最上层。

(6)在梯子上工作时,梯顶一般不应低于工作人员的腰部,切忌在梯子的最高处或最上面一、二级横挡上工作。站立时,姿态要正确。

(7)在 3 m 以上的梯子上工作时,地面必须有工作人员扶梯,以防梯子倾斜翻倒。扶梯人员应戴安全帽,站在梯子的侧面,用一只脚尖顶梯子脚部,并用一只手扶梯。

(8)梯子的放置应与带电部分保持足够的安全距离。

(二)脚扣

1. 脚扣的种类

脚扣是登杆的专用工具,有木杆和水泥杆两种,如图 1-13 所示。

2. 脚扣的优缺点

(1)木杆、水泥杆脚扣的共同优点:迅速上下电杆,操作轻松自如。

(2)木杆、水泥杆脚扣的共同缺点:工作时脚容易疲劳,只适合于短时工作的小修小补。

(3)木杆脚扣有铁齿,只能登木电杆,不能登水泥电杆,但下雨天能进行登木电杆作业。

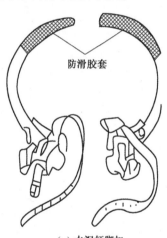

防滑胶套

(a)水泥杆脚扣

(b)木杆脚扣

图 1-13　脚扣

(4)水泥杆脚扣则能登水泥电杆,也能登木电杆,但下雨天不能进行登杆作业。

3. 脚扣登杆的步骤方法

详见技能训练。

4. 脚扣登杆的注意事项

(1)使用前必须仔细检查脚扣各部分有无断裂、腐朽现象,脚扣皮带是否牢固可靠;脚扣皮带若损坏,不得用绳子或导线代替。

(2)一定要按电杆的规格选择大小合适的脚扣;水泥杆脚扣可用于木电杆,但木杆脚扣不能用于水泥电杆。

(3)雨天或冰雪天不许用脚扣登水泥杆。

(4)在登杆前,应对脚扣进行人体载荷冲击试验。

(5)上下电杆时,两只脚扣不能相碰撞。上下杆的每一步,必须使脚扣环完全套入,并可靠地扣住电杆,才能移动身体,否则会造成事故。

(6)上下电杆时,身体应成弓形,并与电杆保持一定的距离,不能抱电杆也不能将身体贴紧电杆,否则不易将脚扣扣好,并容易滑扣、掉扣。

(7)登杆工作前,必须选择合适的登杆位置,即上方没有拉线、横担、导线等器材,以免登杆时不小心碰头。到了杆顶,选好工作点,脚扣定好位置(见图1-14),系好安全带,方可工作。

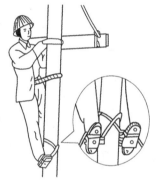

图1-14　脚扣定位

(三)踏板

1. 踏板的优缺点

踏板也叫登高板,也是登杆的专用工具之一。它的优缺点与脚扣正好相反,优点是下雨天能上下电杆,作业时脚不易疲劳,适合于长时间的杆上作业;缺点是上下电杆速度慢,而且比较辛苦。

2. 登高板的结构

登高板由脚板、绳套环及钩子组成。脚板采用质地坚韧的木材制成,绳索应采用直径为16 mm的三股白棕绳或尼龙绳,绳的两端系结在踏板两头的扎结槽内,顶端装上铁制挂钩,系结后应与使用者的身材相适应,一般保持在一人一手长左右,如图1-15所示。踏板的白棕绳均应能承受300 kg质量,每半年要进行一次载荷试验。

3. 踏板上下电杆的步骤

详见技能训练。

4. 踏板登杆的注意事项

(1)踏板使用前,一定要检查踏板有无断裂或腐朽,绳索有无断股。

(2)踏板挂钩时必须正钩,钩口向外向上,切勿反钩,以免造成脱钩事故。

(3)登杆前,应先将踏板钩挂好,用人体作冲击载荷试验,检查踏板是否合格可靠。

(4)为了保证在杆上作业时人体平稳,不使登板摇晃,站立时两脚前掌内侧应夹紧电杆,其姿势如图1-16所示。

(四)安全带

安全带是登杆作业时必备的保护用具,无论用脚扣还是登高板进行高空作业,都必须要与安全带配合使用。

1. 安全带的构造

安全带由腰带、保险绳和腰绳三部分组成(见图1-17),是登杆作业时必备的保护用具。腰带是用来系挂保险绳、腰绳和吊物绳的;保险绳是用来保护工作人员,防止工作人员下掉的;腰绳是用来固定人体腰下部的,以扩大上身的活动幅度。

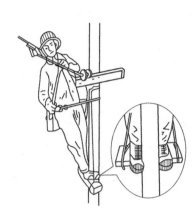
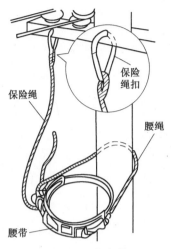

图 1-15 踏板   图 1-16 踏板的正确站法   图 1-17 安全带

2. 安全带的使用

(1)上杆前将安全带的腰带系结在臀部上部,将腰绳挂在肩上。

(2)登上电杆工作位置后,用手将腰绳从肩上拿下来,绕过电杆用手掌压在电杆上,并防止人往后翻倒;另一只手将腰绳的保险钩打开钩在腰带的铁环上,并锁好保险锁。然后,身体向后仰,使腰绳拉紧,双手离开电杆,准备工作。

3. 安全带的检查与使用注意事项

(1)使用前,一定要检查安全带是否牢固可靠,并仔细检验各部分的外表是否有损坏现象,若有应立即更换,不能用任何绳子代替安全带。登杆前要对安全带做人体冲击荷载试验。

(2)腰带应系在臀部上部(髋骨),不得记在腰间,否则操作时既不灵活又容易扭伤腰部。系腰带时,应将其尾部穿过铁扣的内孔,然后返回穿过铁扣的外孔拉紧。禁止取用从外孔进内孔出的方法系腰带,以免脱扣造成事故。

(3)保险绳一端要可靠地系在腰带上,另一端用保险钩挂在牢固的横担或抱箍上。

(4)腰绳应系在电杆横担或抱箍的下方,不得挂在电杆的顶端或横担上,以防腰绳子脱出造成工伤事故。

(5)安全带的长短要调节适中,作业时保险绳扣一定要扣好,以防出事。

(6)使用后,安全带应保管好,挂在通风干燥的地方。

三、安全用具

安全用具是防止触电、坠落、灼伤等危险,保障工作人员安全的电工专用工具和用具,包括起绝缘、验电、测量作用的绝缘安全用具,登高作业的登高安全用具,以及检修工作中应用的临时接地线、遮栏、标示牌等检修安全用具。

(一)绝缘安全用具

绝缘安全用具分为基本安全用具和辅助安全用具。前者的绝缘强度能长时间承受电气设备的工作电压,能直接用来操作电气设备;后者的绝缘强度不足以承受电气设备的工作电压,只能起加强基本安全用具的作用。

1. **绝缘棒**(也叫拉杆)

(1)作用:绝缘棒是基本安全用具之一,用于操作高压跌落式熔断器、单极隔离开关、柱上油断路器及装卸临时接地线等。

(2)材料:绝缘棒一般用浸过漆的木材、硬塑料、胶木、环氧玻璃布棒或环氧玻璃布管制成。

(3)结构:由工作部分、绝缘部分和握手部分组成,如图1-18所示。

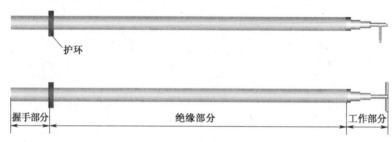

图1-18 绝缘棒

(4)规格与参数:如表1-1所示。

表1-1 绝缘棒的规格与参数

规　格	棒　长		工作部分长度 L_3/mm	绝缘部分长度 L_2/mm	握手部分长度 L_1/mm	棒身直径 D/mm	钩子宽度 B/mm	钩子终端直径 d/mm
	全长 L/mm	节数						
5 kV	1 640	1		1 000	455			
10 kV	2 000	2	185	1 200	615	38	50	13.5
35 kV	3 000	3		1 950	890			

(5)使用注意事项:

①绝缘棒必须具备合格的绝缘性能和机械强度,即应使用合格的绝缘工具。

②操作前,绝缘棒表面应用清洁的干布擦净,使棒表面干燥、清洁。

③操作时,应戴绝缘手套、穿绝缘靴或站在绝缘垫上,必须在切断负载的情况下进行操作。

④操作者手握部位不得越过护环。

⑤在下雨、下雪或潮湿的天气,且在室外使用绝缘棒时,棒上应装有防雨的伞形罩,没有伞形罩的绝缘棒不宜在上述天气中使用。

⑥绝缘棒必须放在通风干燥的地方,宜悬挂或垂直插放在特制的木架上。

⑦绝缘棒应按规定进行定期绝缘试验。

2. **高压绝缘夹钳**

(1)作用:用于安装或拆卸熔断器或执行其他类似工作的工具。在35 kV及以下的电力系统中,绝缘夹钳也是基本安全用具之一。

(2)材料:与绝缘棒一样也是用浸过漆的木材、硬塑料、胶木、玻璃布钢制成。

(3)结构:由工作部分、绝缘部分和握手部分组成,如图1-19所示。

(4)使用注意事项:

①绝缘夹钳必须具备合格的绝缘性能。

②操作时,绝缘夹钳应清洁干燥。

③操作时,应戴绝缘手套、穿绝缘靴或站在绝缘垫上,戴护目眼镜,同时必须在切断负载的情

图 1-19 高压绝缘夹钳

况下进行操作。

④绝缘夹钳应按规定进行定期试验。

3. 高压验电器

(1)高压验电器的结构:新式的高压验电器由握手部分、绝缘部分和工作部分组成,如图 1-20 所示;工作部分由电子电路、发光发声元件、微触自检开关、电池等组成,有电时会发出光和声音。

图 1-20 高压验电器的结构

(2)高压验电器的使用注意事项:

①使用前,必须对验电器进行检查。首先按微触自检开关,自检合格后在确认有电处进行检验,检验时应渐渐靠近带电设备至发光或发声为止,证明验电器性能良好,方可使用。

②使用高压验电器测量高压电时,必须穿戴电压等级合格的绝缘手套和绝缘靴,使用符合该电压等级的验电器。

③必须设专人监护,注意与带电体保持足够的安全距离(10 kV 高压为 0.7 m),并要防止发生相间或对地短路事故。

④验电时,不能直接接触带电体,而只能逐渐靠近带电体,直至灯亮(同时有声音报警)为止;只有不发光不发声,才可与被测物体直接接触。

⑤室外使用高压验电器时,必须在气候条件良好的情况下进行;在雪、雨、雾及湿度较大的情况下,不宜使用,以防发生危险。

⑥使用时应特别注意手握部位不得超过护环。

4. 绝缘手套和绝缘靴

绝缘手套和绝缘靴都是用绝缘性能良好的橡胶制成,二者都作为辅助安全用具,但绝缘手套可作为低压工作的基本安全用具,绝缘靴可作为防跨步电压危险的基本安全用具。使用时应注意:

(1)使用前要检查绝缘手套或绝缘靴的电压等级是否符合要求。

(2)检查绝缘手套或绝缘靴的试验周期是否已过。

(3)检查绝缘手套或绝缘靴的外表有无毛刺、裂纹、碳印等。

(4)使用橡皮绝缘手套时,绝缘手套应内衬一副线手套。

5. 绝缘垫和绝缘台

绝缘垫和绝缘台只作为辅助安全用具。一般铺在配电室的地面上,以便在带电操作断路器或隔离开关时增强操作人员对地绝缘,防止接触电压与跨步电压对人体的伤害。

绝缘垫由有一定的厚度(5 mm 以上),表面有防滑条纹的橡胶制成,其最小尺寸不宜小于

0.8 m×0.8 m。绝缘台用木板或木条制成,相邻板条之间的距离不得超过2.5 cm,台上不得有金属零件,台面板用绝缘子支持与地面绝缘,台面板边缘不得伸出绝缘子外,绝缘台的最小尺寸不宜小于0.8 m×0.8 m,但为了便于移动和检查,最大尺寸不宜大于1.5 m×1.5 m。

(二)安全防护用具

1. 临时接地线

临时接地线也称携带型接地线,是高低压电气设备和电路的停电检修工作必用的安全防护用具。当工作人员需要在停电的高低压电气设备或电路上进行检修维护工作时,必须先进行验电。验明无电后,在有可能突然来电或产生感应电的方向,均应挂接临时接地线,挂接临时接地线后方可进行工作。接地线对保证检修维护工作人员的安全十分重要,因此,临时接地线常被现场工作人员称为"保命线"。

(1)作用:防止停电检修维护的高低压电气设备或电路突然来电,或邻近高压带电设备对停电设备所产生的感应电压对人体的伤害。

(2)构造:主要由多股裸软铜导线和接线夹组成。三根短的软导线一端头各接一接地棒,用于接三相导线,三根短软导线的另一端均与一根长的软导线通过接线板连接在一起,长软导线的另一端头接接线夹,用于连接接地体。临时接地线的接线夹必须坚固有力,软铜导线的截面积不应少于25 mm²,各部分连接必须牢固可靠,接触良好,如图1-21所示。

图1-21 临时接地线

(3)装拆临时接地线的顺序:装设临时接地线时,应先接接地端,后接电路或设备端;拆卸顺序相反,先拆接相线的短软导线,后拆接地端。

2. 遮栏

遮栏主要用于防止工作人员无意接触或过分接近带电体,也用作检修安全距离不够时的安全隔离装置。遮栏用干燥的木材或其他绝缘材料制成。在过道和入口处可采用栅栏。遮栏和栅栏必须安装牢固,但不能影响工作,并必须挂上有"止步,高压危险!"等警告标志。遮栏高度及其与带电体的距离应符合屏护的安全要求。

一、手电钻

1. 作用

手电钻是一种操作简单,使用灵活,携带方便的电动钻孔工具,多用于钳工的装配和修理工作。

2. 结构

手电钻的结构如图 1-22 所示。

手电钻由手柄、开关、单相电动机、减速齿轮、钻铀、钻头夹、钻头等组成,如图 1-22 所示。

3. 种类

手电钻有手提式和手枪式两种,如图 1-23 所示。

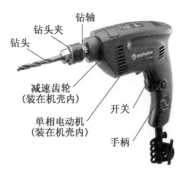

钻轴
钻头夹
钻头
减速齿轮
(装在机壳内)
开关
单相电动机
(装在机壳内)
手柄

图 1-22　手电钻的结构

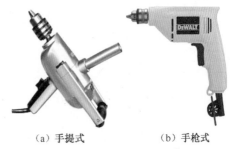

(a) 手提式　　　　(b) 手枪式

图 1-23　手电钻的种类

4. 操作步骤

(1)选取带有钻头夹钥匙、功率合适的手电钻,并准备好钻头。

(2)检查手电钻是否漏电,并接上电源。

(3)将选定的钻头柄部塞入钻头夹的三爪卡内,用专用的钥匙夹紧。

(4)戴好橡胶绝缘手套,点动手电钻开关,查看手电钻运转是否正常。

(5)工件应按要求画线打眼,并固定牢靠。

(6)试钻:用钻头抵住工件钻孔冲眼,找正钻头与工件加工表面的垂直位置,保持正确的钻孔姿势,双手稳握手电钻,接通开关,试钻一浅坑。

(7)检查孔位是否正确,若有偏差,调整钻头角度,修正孔位中心,使试钻出的浅坑保持在中心位置。若无偏差则均匀加力,进给钻孔。

(8)钻孔:钻孔时,操作要平稳,压力不宜过大,并经常退钻排屑。通孔钻到末尾时,要缓慢进给。

(9)钻孔结束后,卸下钻头,及时拆掉电源线或拔下电源开关,整理好电源线。

二、冲击钻

1. 作用

冲击钻(常称电锤)的主要作用是在砌块和砖墙上冲打孔眼。一般冲击钻有两种功能:一种可作为普通电钻使用,使用时应把调节开关调整到标记为"钻"的位置;另一种可用来冲打砌块和砖墙等建筑面的木榫孔和导线穿墙孔,这时应把调节开关调整到标记为"锤"的位置,如图 1-24 所示。

2. 使用方法

与电钻相同,但在钢筋建筑物上冲击孔时,遇到坚实物不宜施加过大压力,以免钻头退火。

3. 使用注意事项

(1)使用时,冲击钻外壳必须经接地线接地,以防止触电事故。

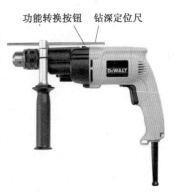

功能转换按钮　钻深定位尺

图 1-24　冲击钻

(2)经常检查橡皮软线是否良好。冲击钻工作时,电源线应放置在不易被人踩碰的地方。

(3)装拆钻头应使用钻头夹钥匙,不能用其他东西敲打。

(4)清除换向器污垢,检查弹簧压力,更换已磨损电刷,当发生较大火花时,应该及时检查修理。

(5)定期更换轴承润滑脂,交直流两用电钻的滚动轴承和齿轮箱内最好用锂基润滑脂,三相电钻用 2 号复合钙基脂,滑动轴承采用 15 号车用机油。

(6)钻孔时,一定要双手握紧电钻,否则容易发生人身事故。

(7)使用电钻时,应轻拿轻放,避免摔坏外壳。

三、安全用具的试验

安全用具是直接保护人身安全的,必须保持良好的性能和状态。为此必须正确使用和保管安全用具,并经常定期地检查和试验。

(一)安全用具使用及注意事项

安全用具不能任意用作它用,也不能用其他工具代替安全用具。

1. 应根据工作选用适当的安全用具

(1)操作高压跌落式熔断器或其他高压开关时,必须使用相应电压等级的绝缘棒、戴内衬的绝缘手套、穿绝缘靴或站在绝缘垫上操作,无特殊防护装置的绝缘棒,遇雨雪天气不允许在户外操作。

(2)更换熔断器的熔体时,必须戴护目眼镜和绝缘手套,必要时还应使用绝缘钳。

(3)空中作业时,应使用合格的登高工具、安全带,并戴上安全帽,不得用抛掷的方法上下传递工具或器材。

2. 使用前检查

每次在使用安全用具前,应将安全用具擦拭干净,并必须做认真的检查。

(1)检查安全用具电压等级是否与电路相符。

(2)检查绝缘工具的试验周期是否已过。

(3)检查安全用具的外表有无破损、有无变形,是否牢固可靠。

(4)检查绝缘件的表面有无裂纹齿痕、有无毛刺碳印、是否脏污、是否受潮。

(5)验电器每次使用前,都应先在确认有电部位试验其是否完好,以免给出错误指示。

(二)安全用具的保管

电工安全用具必须由专人负责管理,要注意防止受潮,专门存放在通风干燥的场所内,不得与油类接触。安全用具使用完毕应擦拭干净,并做妥善保管。

(1)绝缘手套、绝缘靴应倒立存放在专用木架上或存放在柜内,而不应放在过冷、过热、阳光暴晒或有酸、碱、油的地方,以防橡胶老化,不得与坚硬、锋利或脏污的物体或其他工具共同存放,也不能压以重物。

(2)绝缘杆应存放在专用木架上或悬挂起来,而不应斜靠在墙上或平放在地上。

(3)验电器应存放在专用存放盒内,并置于干燥之处。

(4)所有安全用具都应该分类列册登记,并定期进行耐压试验。

(三)安全用具的试验

登高作业安全用具的试验主要是拉力试验,其试验标准列入表 1-2,试验周期均为半年。

表 1-2　登高作业安全用具试验标准

名　　称	安　全　腰　带		安 全 腰 绳	登 高 板	脚 扣	梯　子
	大带	小带				
试验静拉力/N	2 209	1 471	2 206	2 206	1 471	1 765(荷重)

　　防止触电的安全用具的试验包括耐压试验和泄漏试验,除了几种辅助安全用具要求做两种试验外,一般只要求做耐压试验。使用中,安全用具的试验标准、周期可参考表 1-3。

表 1-3　安全用具的试验标准、周期

名　　称		电压	试 验 标 准			试验周期/年
			耐压试验电压/kV	耐压试验持续时间/s	泄漏电流/mA	
绝缘杆、绝缘夹钳		35kV 及以下	3 倍额定电压,且≥40 mA	300	—	1
绝缘挡板、绝缘罩		35kV	—	300	—	1
绝缘手套		高压	8	60	≤9	0.5
		低压	2.5	60	≤2.5	0.5
绝缘靴		高压	15	60	≤7.5	0.5
绝缘鞋		1kV 及以下	3.5	60	≤2	0.5
绝缘垫		1kV 以上	15	以 2~3 cm/s 的速度拉过	≤15	2
		1kV 及以下	5		≤5	2
绝缘站台		各种电压	45	120	—	3
绝缘柄工具		低压	3	60	—	0.5
高压验电器		10kV 及以下	40	300	—	0.5
		35kV 及以下	105	300	—	0.5
钳表	绝缘部分	10kV 及以下	40	60	—	1
	铁芯部分	10kV 及以下	20	60	—	1

　　对于新的安全用具,要求更应当严格一些。例如,新的高压绝缘手套的试验电压为 12 kV、泄漏电流为 12 mA;新的高压绝缘靴的试验电压为 20 kV、泄漏电流为 10 mA 等。

技能训练一　脚扣登杆训练

1. 训练目的

掌握用脚扣登杆的操作要领,学会在登杆作业。

2. 训练器材

脚扣、安全带、保险绳、滑轮、安全帽。

3. 训练步骤

(1)系好保险绳:检查脚扣是否牢固可靠,并做人体冲击试验。

(2)调整脚扣:根据电杆的粗细调整脚扣的大小,使脚扣能牢靠地扣住电杆,以防从空中掉下来。

（3）穿脚扣：调整脚扣皮带的松紧度，不能太松也不能太紧；否则，脚扣容易脱落。穿脚扣时，脚尖应比脚跟高，这样脚扣难以脱落。

（4）上杆：双手扶住电杆，右脚抬起，使脚扣平面与电杆垂直，套入电杆并扣紧；扣好脚扣之后，右脚用力向上登并伸直，使身体向上移，右手同时向上移动扶住电杆。左脚抬起，使脚扣平面与电杆垂直，套入电杆扣紧；扣好之后，左脚用力向上登并伸直，使身体向上移，左手同时向上移动扶住电杆。左右脚如此反复进行，就可登上电杆的顶部，如图 1-25 所示。

图 1-25　脚扣登杆方法

（5）下杆：上面的脚松开脚扣，将脚扣退出电杆，然后另一只脚弯曲使身体下移，退出电杆的脚下伸，将脚扣重新扣紧电杆并登直，身体重心移到这个脚上，同时对应的手也应向下扶住电杆。如此反复进行，就能下到地面。

注意：上下电杆时，身体应成弓形，并与电杆保持一定的距离，不能抱电杆也不能将身体贴紧电杆，否则不易将脚扣扣好，并容易滑扣掉扣。

4. 训练注意事项

（1）训练前必须检查使用工具、器材是否良好，不能使用不合格的工具器材进行训练。

（2）初学者应先在 2 m 高以下进行训练，在掌握一定技能技巧之后，才往上进行练习。

（3）在超过 2 m 以上处进行登杆训练时，登杆前必须系安全绳，由地面人员负责拉安全绳，拉绳人员必须密切注意训练人员的情况，随时做好保护工作，防止练习人员出现安全事故。

（4）在地面等待的练习人员，必须在距电杆 2 m 以外的地方等候，以防工具器材意外掉落伤人。

技能训练二　登高板登杆训练

1. 训练目的

掌握用登高板登高的操作要领，学会在登杆作业。

2. 训练器材

登高板、安全带、保险绳、滑轮、安全帽。

3. 训练步骤

（1）登杆步骤：

①检查登板是否牢固可靠，并做人体冲击试验，检查合格后方可使用。

②将其中一个踏板反挂在肩上，并将另一个踏板钩挂在电杆上，高度按登杆者能跨上为准，如图 1-26 所示。

③用右手握住挂钩上的双根棕绳，并用大拇指顶住挂钩，左手握住左边贴近木板的单根棕绳，把右脚跨上踏板，然后用力使人体上升（如果踏板挂得较高，右脚不能直接跨到，可先将左脚登着电杆，然后左脚和右手同时用力，使身体向上提升，同时右脚迅速提起踩在木板上），使人体重心移到右脚。

图 1-26　挂钩方法

④人体站直,同时左手向上扶住电杆,右手松开棕绳并扶住电杆,将左脚绕过左边单根棕绳踩在踏板上,膝盖后侧紧压棕绳,同时使两只脚的跟部站在木板中间,木板紧贴电杆,两只脚的内侧要夹紧电杆,以防踏板摆动,如图1-26所示。

⑤将肩上的踏板取出,挂在电杆上。

⑥用右手握住挂钩上的双根棕绳,并用大拇指顶住挂钩,左手握住左边贴近木板的单根棕绳,把右脚跨上踏板,然后用力使人体上升(如果踏板挂得较高,右脚不能直接跨到,可先将左脚登着电杆,然后左脚和右手同时用力,使身体向上提升,同时右脚迅速提起踩在木板上),使人体重心移到右脚,身体蹲下,右脚膝盖内侧紧压右边单根棕绳,左脚伸直,脚尖贴紧电杆,防止下面的踏板滑掉。

⑦左手将下面的踏板解下,然后右手右脚同时用力,使身体站直,左手跟随向上扶住电杆,右手松开棕绳并扶住电杆,将左脚绕过左边单根棕绳踩在踏板上,膝盖后侧紧压棕绳,同时使两只脚的跟部站在木板中间,木板紧贴电杆,两只脚的内侧要夹紧电杆,以防踏板摆动。

⑧将左手上的踏板挂在电杆上,重复第⑥⑦步,直至攀登到所需高度为止。

(2)下杆步骤:

①人体站稳在现用的踏板上(左脚绕过左边单根棕绳踩在木板上,膝盖后侧紧压棕绳),把另一个踏板的挂钩从上方踏板双根棕绳与电杆之间穿过,并挂在电杆上。

②右手紧握上踏板挂钩处的双根棕绳,并用大拇指顶住挂钩,左手握住下踏板挂钩处的双根棕绳,然后左脚退出上踏板向下伸,人体也随即下降蹲下,重心移到右脚。同时,左手将下踏板移到适当的位置挂好。

③左手紧握上踏板左边单根棕绳,右手也下移握紧上踏板右边单根棕绳,左脚登住电杆不动,双手逐渐伸直,使身体下降,直到右脚踩到下踏板为止。

④左脚下移,并绕过下踏板左边单根棕绳踩在下踏板上,膝盖后侧紧压棕绳,然后双手将上踏板解下。

⑤重复第①~④步,直到地面为止。

4. 训练注意事项

与技能训练一相同。

技能训练三　高压验电器的正确操作

1. 训练目的

掌握高压验电器的操作要领,学会高压验电。

2. 训练器材

高压验电器、高压绝缘靴、高压绝缘手套、安全帽、棉纱线手套。

3. 训练步骤

(1)穿绝缘靴,戴棉纱线手套和绝缘手套,戴安全帽。

(2)对验电器进行检查。首先按微触自检开关,自检合格后在确认有电处进行检验,检验时应渐渐靠近带电相线至发光或发声为止,证明验电器性能良好,方可使用。

(3)到被测设备或电路相线的下方,垂直向上渐渐靠近被测相线,当高压验电器发光或发出声音时,证明被测相线有电。如果高压验电器接触被测相线也不发光或发出声音,则证明被测相线无电。

(4)垂直向下离开被测相线,然后再到另一根被测相线的下方,用步骤(3)的方法同样测量,直至三根相线测量完毕为止。

4. 训练注意事项

(1)穿绝缘靴和戴绝缘手套前,必须检查它们是否合格,合格才能使用。

(2)测量时,高压验电器必须垂直向上靠近被测相线,垂直向下离开,绝不允许水平移向另一根被测相线,以防人为造成相间短路。

(3)训练时,必须严格遵守高压验电器的使用注意事项。

1. 使用梯子时应注意什么?
2. 低压验电器检测电压的范围是多少? 使用时应注意什么?
3. 使用高压验电器时应注意什么?
4. 使用脚扣登杆的优缺点是什么?
5. 使用脚扣登杆时要注意什么?
6. 使用登高板登杆的优缺点是什么?
7. 使用登高板登杆时要注意什么?
8. 安全带由哪几部分组成? 各部分的作用是什么?
9. 使用安全带时应注意哪些事项?

项目二　**电工仪表使用与电气测量**

电路或电器设备的电压、流经电路或电器设备的电流、电器元件的电阻值、电路或设备的绝缘电阻值、接地装置的电阻值等参数,均需要仪表测量。电器设备故障检修,也需仪表查出何处断线,何处短路或短接。通过本项目的学习,了解电工常用仪表的作用、结构和原理,掌握这些仪表的正确使用方法,为后续解决在安装照明电路、电动机控制电路时出现的故障问题打下良好的基础。

学习目标

(1)了解万用表的作用、结构和原理,掌握万用表的正确使用方法。
(2)了解钳形电流表的作用、结构和原理,掌握钳形电流表的正确使用方法。
(3)了解兆欧表的作用、结构和原理,掌握兆欧表的正确使用方法。
(4)了解接地电阻测量仪的作用、结构和原理,掌握接地电阻测量仪的正确使用方法。
(5)了解电度表的作用、结构和原理,掌握申请表的正确接线方法。
(6)了解漏电装置的作用、结构和原理,掌握民用配电(开关)箱(含电度表)的安装接线技能。

项目情境

本项目的教学建议利用多媒体设备,对照实物边讲边演练,学生边跟着练习。

相关知识

一、万用表

(一)万用表的作用

万用表也称万能表,是一个多功能测量仪表,可测量直流电压电流、交流电压、交流电流、电阻值,甚至有些万用表还有测量晶体管放大倍数、分贝大小等功能。

(二)万用表的结构

万用表由表头、测量电路及转换开关等三个主要部分组成。万用表的面板上装有标度尺,转换开关旋钮、调零旋钮及端钮(或插孔)等,如图 2-1 所示。

(1)表头:有万用表的"心脏"之称,用以指示被测量的数值,万用表的主要性能指标基本上取决于表头的性能。

(2)测量电路:测量电路由电阻、半导体元件及电池组成。它包含了多量程直流电流表、多量程直流电压表、多量程交流电压及多量程欧姆表等多种电路。测量电路的作用是将各种不同的被

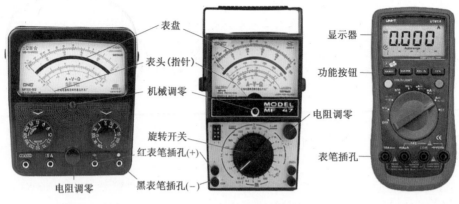

（a）ME500-B指针式万用表　　　（b）MF-47指针式万用表　　　（c）数字式万用表

图2-1　万用表的表面结构

测电量、不同量程,经过一系列处理,如整流、分流等,变成统一的一定量限的直流电流后,送入表头进行测量。

(3)转换开关:其作用是用来选择各种不同测量的电路,以满足不同种类和不同量程的测量要求。当转换开关处在不同位置时,它相应的固定触点就闭合,万用表就可变为各种量程不同的电工测量仪表。

(三)万用表的原理

为了适应测量各种不同项目和选择不同量程的需要,万用表都有一套测量电路。这里以测量电阻的原理来说明万用表的工作原理。

万用表测量电阻的部分,实际上是个欧姆表,它的原理如图2-2所示。图中E是直流电池,R_A表示表头内阻,R_0表示调零电阻,R_1是串联电阻,I表示电路电流,R_x是被测电阻。根据欧姆定律$I=U/R$可知,当其他已知电阻保持不变时,电路电流的大小取决于被测电阻R_x,因而表头指针偏转角的大小也取决于R_x,这样通过欧姆表的标度尺就可以反映出R_x的大小。由于电流I与R_x的关系成反比的,因而它的刻度是不均匀的,而且是反向的,如图2-3所示。

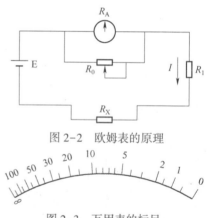

图2-2　欧姆表的原理

图2-3　万用表的标尺

R_0的作用:当$R_x=0$时,I应为最大值,但是由于电池电压的变化等原因,致使指针偏转角达不到满刻度值,这时可改变阻值,即改变分流电流,从而改变流入表头的电流,使指针回到欧姆表零位。

(四)使用万用表的注意事项

(1)使用前必须将万用表面板上各控制器件的作用,以及标尺结构和各种符号的意义弄清楚,否则容易造成测量错误或损坏表头。

(2)测量前一定要把转换开关打到所测量的对应挡位上。

(3)测量高压或大电流时,为了避免烧坏开关,应在切断电压电流的情况下转换量程。

(4)测量未知量电压或电流时,应先选择最高量程,然后逐渐转至适当位置以取得准确读数。

（5）测量高电压时，要站在干燥绝缘板上，单手操作，以防意外事故发生。

（6）测量电阻时，禁止带电测量，以防烧坏仪表；同时，读数要快而准，太慢会消耗电池。测完电阻，应将转换开关打到交流电压挡最大量程位置上，以免下次使用时，由于疏忽未选择挡位就进行测量，而造成损坏仪表。

（7）在使用万用表测量时，要注意手不可触及测试笔的金属部分，以保证安全和测量的准确性。

（8）测量完毕，应将转换开关打到交流电压挡最大量程位置，以免下次使用时，由于疏忽未选择挡位就进行测量，而造成仪表损坏。

（9）仪表应保存在室温 0~40 ℃，相对湿度不超过 85%，并不含有腐蚀性气体的场所。

二、钳形电流表的正确使用

（一）钳形电流表的作用

钳形电流表简称钳表，用于测量交流电路流过的电流大小，单位为安[培]（A）。

（二）钳表的结构

钳表由一只电流互感器和带整流装置的磁电式表头组成，如图 2-4 所示。

（三）钳表的工作原理

电流互感器的铁芯呈钳口形，当捏紧钳表手把时，其铁芯张开，载流导线可以穿过铁芯张口放入，松开把手后，铁芯闭合，通过被测载流的导线成为电流互感器的一次绕组。被测电流在铁芯中产生磁通，使绕在铁芯上的电流互感器二次绕组产生感应电动势，测量电路就有电流 I_2 流过，这个电流按不同的分流比，以整流后通过表头。标尺是按一次电流 I_1 刻度的，所以

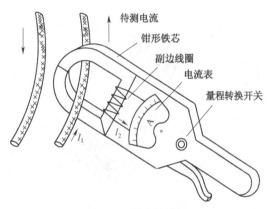

图 2-4　钳表的结构

表的读数就是被测量电流。量程的改变由转换开关改变分流器的电阻来实现。

（四）钳表使用的注意事项

（1）选择适当的量程，不可用小量挡去测量大电流。如果测量未知电流的大小时，选用最大电流量程挡测量，当将导线套入钳口后发现量程不合适时，必须把钳口退出导线，然后调节量程再进行测量。

（2）钳口套入导线以后，应使钳口完全密贴，并使导线处于正中，若有杂声可重新开合一次；若仍有杂声应检查钳口是否有污垢存在，若有污垢则应清除后再测量。

（3）测量前，要注意被测电路电压的高低，选择相应绝缘电压等级的钳表。如果用低压表去测量高电压电路中的电流，会容易造成事故或者引起触电危险。

（4）测量电流较小读数不明显时，可将载流导线多绕几圈放进钳口进行测量，但是应将读数除以所绕的圈数才是实际的电流值。

（5）在测量大电流后再测量小电流时，为了减少测量误差，应把钳口开合几次，消除大电流所产生的剩磁后，才进行小电流测量。

（6）测量完毕，要将调节开关放在最大量程挡位置，以免下次使用时，由于疏忽未选择量程就进行测量，从而造成损坏电表的事故。

三、兆欧表的正确使用

（一）兆欧表的作用

兆欧表（绝缘电阻表）也称摇表，用于测量电路或电气设备的相间绝缘电阻或对地绝缘电阻，单位为兆欧（MΩ）。

（二）兆欧表的结构

兆欧表主要由手摇直流发电机（有的用交流发电机加整流器）、磁电式流比计及接线柱（L、E、G）三部分组成，其表面结构如图 2-5 所示。

（三）兆欧表的工作原理

兆欧表的工作原理如图 2-6 所示，它的磁电式流比计有两个互成一定角度的可动线圈，装在一个有缺口的圆柱铁芯上面，并与指针一起固定在一转轴上，构成流比计的可动部分，被置于永久磁铁中，其中。磁铁的磁极与圆柱铁芯之间的气隙是不均匀的。这样，流比计不像其他仪表，它的指针没有阻尼弹簧，指针可以停留在任何位置。

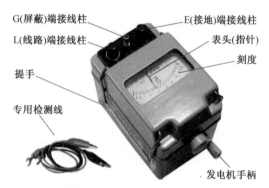

图 2-5　兆欧表的表面结构

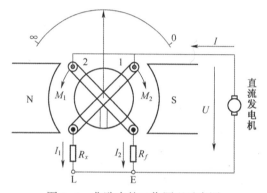

图 2-6　兆欧表的工作原理示意图

摇动手柄，直流发电机即可输出电流，其中，一路电流 I_1 流入线圈 1 和被测电阻 R_x 的回路，另一路电流 I_2 流入线圈 2 与附加电阻 R_f 回路，设线圈 1 的电阻为 R_1，线圈 2 的电阻为 R_2，根据欧姆定律有：

$$I_1 = U/(R_1 + R_x) \qquad I_2 = U/(R_2 + R_f)$$

两式相比得：

$$I_1/I_2 = (R_2 + R_f)/(R_1 + R_x)$$

式中：R_1、R_2 和 R_f 为定值，R_x 是变量。可见 R_x 的改变必将引起电流比值 I_1/I_2 的改变，当 I_1 和 I_2 分别流过线圈 1 和线圈 2 时，受到永久磁铁磁场力的作用，使线圈 1 产生转动力矩 M_1，线圈 2 由于与线圈 1 绕向相反，产生了反作用转动力矩 M_2，两个力矩作用的合力矩使指针发生偏转。在 $M_1 = M_2$ 时，指针静止不动，这时指针所指出的就是被测设备的绝缘电阻值。由图 2-6 可知，兆欧表未接入电路前相当于 $R_x = \infty$，线圈 1 回路开路，摇动手柄时 $I_1 = 0$，$M_1 = 0$，指针在 I_2 和 M_2 作用下，向反时针方向偏转，最后指在 ∞ 处。若将输出端 L 和 E 短接，即 $R_x = 0$，此时 I_1 最大，M_1 最大，M_1 和 M_2 综合作用的结果，使指针顺时针方向偏转，指到标度尺的 $R_x = 0$ 处。

（四）兆欧表的选择

兆欧表有 250 V、500 V、1 000 V、2 500 V 和 5 000 V 等几个电压等级，使用时应根据被测电路或设备的额定电压，选择相对应电压等级的兆欧表。

（1）对于额定电压在 500 V 以下的电路或设备，可选用 500 V 或 1 000 V 的兆欧表，若选用过高电压的兆欧表可能会损坏被测设备的绝缘。

（2）高压设备或电路选用 2 500 V 摇表。

（3）特殊要求的高压或电路选用 5 000 V 摇表。

（五）兆欧表的使用注意事项

（1）测量前应检查摇表是否良好。

（2）切断被测电路或设备的电源，禁止不切断电源测量绝缘电阻；测量前后均应对设备进行放电（对容性设备更应充分放电），放电前切勿用手触及测量部分和兆欧表的接线桩。

（3）测量时，若表针迅速指"0"，说明绝缘已损坏，电阻值为零，应立即停摇，此时若继续摇动手柄，摇表会烧坏。

（4）测大容量设备时，摇动手柄至使表针指示为稳定的数值后再读数，读数后应继续摇动手柄，使兆欧表（发电机）在发电的状态下断开测试线，以防电路储存的电能对仪表放电。

（5）摇动兆欧表手柄的速度不宜太快或太慢，一般规定为 120 r/min，允许有 ±20% 的变化，最高不应超过规定值的 25%。

（6）禁止在雷电时或附近有高压导体的设备上进行测量。只有在设备不带电又不可能受其他电源感应而带电的情况下才可测量。

（7）测量时，接线必须正确。

（8）兆欧表应定期校验。校验方法是直接测量有确定值的标准电阻，检查它的测量误差是否在允许范围以内。

四、接地电阻测量仪

（一）接地电阻测量仪的作用

接地电阻测量仪也称接地摇表，它是一种专门用于直接测量各种电气及避雷接地装置的接地电阻大小的仪器，单位为欧（Ω）。

（二）接地电阻测量仪的结构

接地电阻测量仪由检流计、手摇发电机、电流互感器、调节电位器组成，其表面结构如图 2-7 所示。

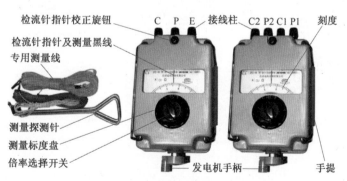

检流针指针校正旋钮　　C P E 接线柱　　C2 P2 C1 P1 刻度

检流针指针及测量黑线

专用测量线

测量探测针

测量标度盘

倍率选择开关　　　发电机手柄　　手提

图 2-7　接地电阻测量仪的表面结构

（三）接地电阻测量仪的工作原理

当手摇发电机的摇把以 120 r/min 的速度转动时，便产生 90~98 周/秒的交流电流。电流经电流互感器一次绕组、接地极、大地和探测针后回到发电机，电流互感器便感应产生二次电流，检流计指针偏转，借助调节电位器使检流计达到平衡。

(四)接地装置有关规定

(1)用绝缘铜导线作低压电力设备的明敷接地线时,其截面不得小于 1.5 mm²,利用裸铜导体作明敷的接地线时,其截面不得小于 4 mm²。

(2)用圆钢敷设在室内的地面上作接地线时,其最小直径应为 6 mm,敷设在地下作接地线时,其最小直径应为 8 mm,用扁钢敷设在室内地面上作接地线时,其最小截面应为 24 mm²。

(3)接地线与接地体的连接应焊接,接地线与电气设备的连接用焊接或可采用螺栓连接;电气设备每个接地设备,应有单独的分支线与接地干线连接。

(4)埋在地下的接地体采用钢管时,其壁厚应为 3.5 mm 以上。

(5)低压电力设备及电力变压器的接地电阻不宜超过 4 Ω,当变压器容量不超过 100 kV·A 时,其接地装置的接地电阻允许不超过 10 Ω。

(6)低压架空电力线的零线,每一重复接地装置的接地电阻不应大于 10 Ω,在发电机和变压器接地装置的接地电阻允许 10 Ω 的电路中,每一重复接地装置的接地电阻不应超过 30 Ω,但重复接地不应少于三处。

五、电度表与配电装置

(一)电度表的作用及种类

1. 电度表的作用

电度表又称电能表,是用来测量某一段时间内发电机发出的电能或负载消耗的电能的仪表。

2. 电度表的种类

电度表的种类如图 2-8 所示。

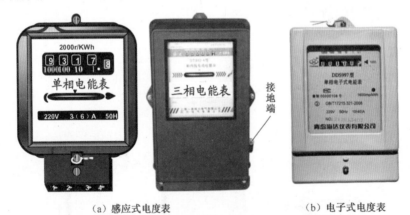

(a)感应式电度表　　　　　　　　　(b)电子式电度表

图 2-8　电度表

(1)按其准确度分类:有 0.5、1.0、2.0、2.5、3.0 级等。

(2)按相数分:有单相和三相两种。

单相电度表用于单相照明电路;三相电度表用于三相动力电路或其他三相电路。三相电度表又分为有功电度表和无功电度表。有功电度表又分为三相三线有功电度表和三相四线有功电度表。

(3)按其结构和工作原理分:可分为电子数字式电度表、磁电系电度表、电动系电度表和感应系电度表。其中,测量交流电能用的感应系电度表是一种使用数量最多,应用范围最广的电工仪表。

（二）单相电度表

1. 单相电度表的构造

如图 2-9 所示，单相电度表主要由驱动元件、转动元件、制动元件、积算机构等四部分组成。

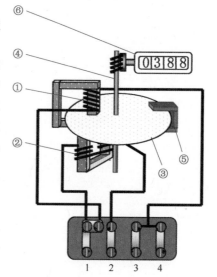

（1）驱动元件：由电压元件①（电压线圈及其铁芯）和电流元件②（电流线圈及其铁芯）组成。其中，电压线圈与负载并联，电流线圈与负载串联。驱动元件的作用是产生转矩，当把两个固定电磁铁的线圈接到交流电路时，便产生交变磁通，使处于电磁铁空气隙中的可动铝盘产生感应电流（即涡流），此感应电流受磁场的作用而产生转动力矩，驱使铝盘转动。

（2）转动元件：由可动铝盘③和转轴④组成。转轴固定在铝盘的中心，并采用轴尖轴承支承方式。当转动力矩推动铝盘转动时，通过蜗杆、蜗轮的作用将铝盘的转动传递给积算机构计数。

图 2-9　单相电度表构造

（3）制动元件：又称制动磁铁，它由永久磁铁⑤和可动铝盘③组成。电度表若无制动元件，铝盘在转矩的作用下将越转越快而无法计数。装设制动元件以后，可使铝盘的转速与负载功率的大小成正比，从而使电度表能用铝盘转数正确反映负载所耗电能的大小。

（4）积算机构：又称计算器，它由蜗杆、蜗轮、齿轮和字轮⑥组成。当铝盘转动时，通过蜗杆、蜗轮和齿轮的传动作用，同时带动字轮转动，从而实现计算电度表铝盘的转数，达到累计电能的目的。

2. 单相电度表的工作原理

单相电度表的工作原理如图 2-10 所示。

（1）电流元件通电：电流线圈有电流通过时，根据右手螺旋定则可判定电流线圈所产生的磁通方向，如图 2-10（a）所示。

（2）根据磁感应原理可知，变化的磁通可使铝盘产生感应电流（涡流），根据右手螺旋定则可判定感应电流的方向，如图 2-10（b）所示。

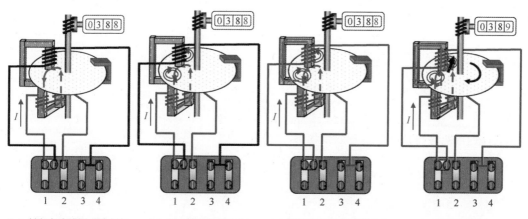

（a）判定电流线圈磁道方向　　（b）判定感应电流方向　　（c）判定电压线圈磁道方向　　（d）判定铝盘受力方向

图 2-10　电度表工作原理分析图

（3）电压元件通电：电压线圈有电流通过时，根据右手螺旋定则可判定电压线圈所产生的磁通方向，如图 2-10(c) 所示。

（4）根据左手定则，可判定铝盘的受力方向，如图 2-10(d) 所示；通过电流线圈的电流越大，铝盘所受的力越大，铝盘转得越快。

（5）铝盘转动时，永久磁铁会产生制动力，使铝盘匀速转动。

3. 单相电度表的选择

选择单相电度表时，要注意电压、电流及功率因数的影响。

（1）电压：电度表的额定电压应与被测电压一致。

（2）电流：电度表的额定电流应略大于被测电路可能出现的最大电流。如果被测电流很小，则电度表的误差较大。在电流低于电流额定电流的 5% 时，不仅误差很大，而且工作还不稳定。以负载电流最小不小于电度表额定电流的 10%，最大负载电流与电度表的额定电流相接近为好。

（3）功率因数的影响：在计算负载电流时，要注意功率因数的影响，不能简单地用功率除以额定电压，应采用如下公式计算电流：

$$I = P/U(\cos\phi)$$

式中：$\cos\phi$ 为功率因数(纯电阻如白炽灯、电炉等为 1；气体灯如荧光灯等为 0.5；电动机为 0.7)。

4. 单相电度表的正确接线

单相电度表的正确接线如图 2-11 所示。

（1）直接接入法：电源相线 L 接 1 端子，电源零线 N 接 3 端子，负载相线接 2 端子，负载零线接 4 端子，如图 2-11(a) 所示。

（2）互感器接入法：如图 2-11(b) 所示，电度表的 1、2 接线端子与电流互感器二次侧的两个端子相连接，电流互感器二次侧的其中一个端子接地；3、4 接线端子分别与电源工作零线和负载工作零线相连接，电度表内部电压线圈接线端子直接与电源相线 L 连接。

图 2-11(c) 的接线方法是错误接法，因为电流互感器的安全规定：互感器的铁芯和二次侧其中一端必须接地，以防止一次侧高电压窜入二次侧。

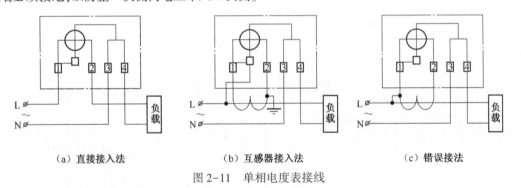

（a）直接接入法　　　　　　　（b）互感器接入法　　　　　　　（c）错误接法

图 2-11　单相电度表接线

（三）三相四线有功电度表及测量接线

三相四线有功电度表有 DT_1 和 DT_2 系列。三相四线有功电度表由三个同轴的基本计量单位组成(也就是说由三个单相电度表组成，也称三元件电度表)，只有一套计数器。它用于动力和照明混合供电的三相四线制电路中。

三相四线有功电度表的额定电压为 220 V，额定电流有 5 A、10 A、20 A、25 A 等多种。三相四线制各负载用电相平衡时，在理论上可以用一块单相电度表来测量电能，总用电度数为一块单相电度表读数的 3 倍。

1. 直接接入法

直接接入法如图 2-12 所示。

DT 型三相四线有功电度表共有 11 个接线端子,自左向右由 1 到 11 依次编号。其中,1、4、7 为电度表的相线接入端子,分别与电源相线 L_1、L_2、L_3 相连接;3、6、9 为相线出线端子,通常与负载三相四线空气漏电总开关的上桩相线端子相连接;10 为电度表的零线接入端子,与电源工作零线连接;11 为零线出线端子,与负载三相四线空气漏电总开关的上桩零线(N)端子连接;2、5、8 为接电度表内部电压线圈的接线端子,如果不采用电流互感器接线方式,通常会在内部用短路片将 1-2、4-5、7-8 短接,如表内没有短路片短接,则应在外部用短接线连接。

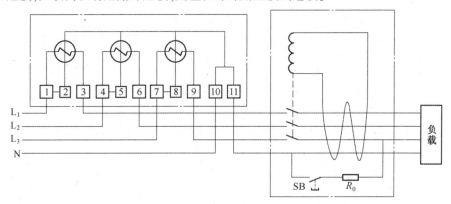

图 2-12 三相四线有功电度表直接接入的原理图

2. 互感器接入法

当三相四线有功电度表的额定电流为 5 A 时,可以由电流互感器接入电路,这时,电度表的 2、5、8 不能与 1、4、7 短接,应分别与电源线 L_1、L_2、L_3 相连接,电流互感器二次侧必须有一端点接地,其接线方式如图 2-13 所示。

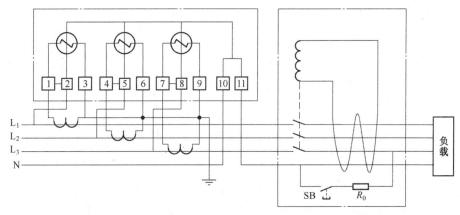

图 2-13 三相四线有功电度表经电流互感器接入时的原理图

(四)三相三线有功电度表及测量接线

三相三线制电路的电能测量,一般使用 DS_1 和 DS_2 三相三线有功电度表。它是由两个驱动元件组成的,两个铝盘固定在一个转轴上,称为二元件电度表。三相三线有功电度表的额定电压为 380 V,额定电流有 5 A、10 A、20 A、25 A 等多种。

1. 直接接入法

直接接入法如图 2-14 所示。

三相三线有功电度表共有8个接线端子。直接接入时，1、4、6为接入端子；3、5、8为接出端子；2、7为接表内电压线圈的接线端子，在表内端子1与2、6与7相连接，如果没有短接，应在外部用短接线连接。

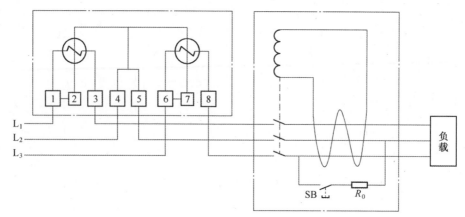

图 2-14　三相三线有功电度表直接接入的原理图

2. 互感器接入法

当三相三线有功电度表的额定电流为5 A时，可以由电流互感器接入电路，这时，电度表的1、3和6、8分别接互感器二次侧；而2、7不能与1、6短接，应分别与电源线 L_1、L_3 相连接，电流互感器二次侧必须有一端点接地，其接线方式如图 2-15 所示。

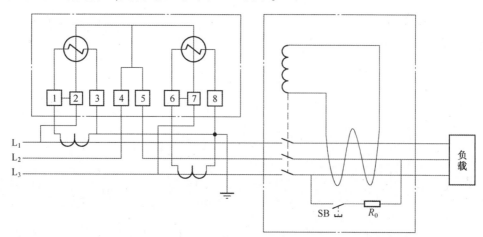

图 2-15　三相三线有功电度表经电流互感器接入时的原理图

(五) 计算电度数的方法

电度表是积累式的仪表，因计算在一段时间内的用电度数的方法与其接线方式不同而有所区别。

(1) 电度表的接线为直接接入法时：用电度数为电度表的本次读数与上次读数之差，即

$$W = N_2 - N_1 (度)$$

(2) 电度表的接线为互感器接入法时：实际用电度数为由电度表算得的数值乘以电流互感器的变流比及电压互感器的变压比，即

$$W = (N_2 - N_1) K_I K_V (度)$$

式中：N_2——上次电度表的读数；

N_1——本次电度表的读数;

K_1——电流互感器的变流比;

K_V——电压互感器的变压比;

W——实际用电度数。

(六) 电度表安装的有关规定

(1) 表位应选择在较干燥清洁,不易损坏及无振动、无腐蚀性气体、不受强磁场影响、较明亮及便于装拆和抄表的地方。低压三相供电的表位应装在屋内。市镇低压单相供电的表位,一般应装在屋外。屋内低压表位宜装在进门后 3 m 范围内,亦可装在有门或不设门的公共楼梯或走廊间。屋外低压表位亦可装在不设门的公共楼梯或走廊间。

(2) 表箱的安装高度一般为 1.7~1.9 m。表箱布置原则上采用横排一列式,如因条件限制,允许上下两列布置,但上表箱底部对地面高度不应超过 2.1 m。

(3) 表位线(即表位出入线)应取用额定电压为 500 V 的绝缘导线,其最小截面,铜芯不应小于 1.5 mm²,铝芯不应小于 4 mm²。进表线中间不得有接头。二楼及以上的用户,其出表线不允许在屋外引至楼上,应沿屋内敷设。除在各相应的楼层装设总开关外,还应在表位附近装设刀开关和漏电开关。

六、漏电保护装置

(一) 漏电保护装置的作用及工作原理

1. 漏电保护装置的作用

漏电保护装置又称漏电保护器或漏电保安器。其主要保护作用如下:

(1) 漏电保护装置主要用于防止由于直接接触和由于间接接触引起的单相电击。

(2) 漏电保护装置也用于防止漏电引起火灾的事故。

(3) 漏电保护装置用于监测或切除各种一相接地故障。

有的漏电保护装置还带有过载保护、过电压和欠电压保护、缺相保护等保护功能。

2. 漏电保护原理

电气设备或电气电路漏电时,会出现两种异常现象:一是三相电流的平衡遭到破坏,出现零序电流,即 $i_0 = i_a + i_b + i_c \neq 0$;二是某些正常时不带电的金属部分出现对地电压,即 $U_d = I_0 R_d$。

漏电保护装置就是通过检测机构取得这两种异常信号,经过中间机构的转换和放大,促使执行机构动作,最后通过开关设备迅速断开电源的自动化。对于高灵敏度的漏电保护装置,异常信号很微弱,中间还需增设放大环节。

(二) 漏电保护装置的基本结构及分类

1. 漏电保护器的基本结构

漏电保护器的基本结构由三部分组成,即检测机构、判断机构和执行机构。

(1) 检测机构:其任务是将漏电电流或漏电电压的信号检测出来,然后送给判断机构。检测机构一般采用零序电流互感器或灵敏继电器。

(2) 判断机构:其任务是判断检测机构送来的信号大小,是否达到动作电流或动作电压,如果达到动作电流或动作电压,它就会把信号传给执行机构。判断机构一般采用自动开关的欠压线圈、接触器线圈或漏电脱扣器。

(3) 执行机构:其任务是按判断机构传来的信号迅速动作,实现断电。执行机构一般为自动开关或接触器的开关装置。

在检测机构和判断机构之间，一般有放大机构，这是因为检测机构检测到的信号都非常微弱，有时必须借助放大机构放大后，判断机构才能实现判断动作。漏电保护装置的放大机构大多采用电子元件，有的也采用机构元件。

此外，为了增加漏电保护装置的可靠性，漏电保护装置一般都会设有检查机构，即人为输入一个漏电信号，检查漏电保护装置是否动作，如果动作，证明漏电保护器工作正常，如果不动作，及时检查。检查机构一般由按钮开关和限流电阻组成。

2. 漏电保护装置的分类

漏电保护装置的种类很多，可以按照不同的方式进行分类：

(1) 按相数分有：单相漏电保护开关和三相漏电保护开关。

(2) 按保护功能分有：带过流保护的漏电开关和不带过流保护的漏电开关，前者多用于三相电路，后者多用于单相电路。

(3) 按接线方式分有：单相漏电保护开关、三相三线漏电保护开关及三相四线漏电保护开关。

(4) 按检测信号分有：电压动作型漏电保护开关和电流动作型漏电保护开关。前者反映漏电设备金属外壳上的故障对地电压，后者反映漏电或触电时产生的剩余电流。

(三) 电压动作型漏电保护装置

1. 电压动作型漏电保护装置的工作原理

通常所说的电压型漏电保护装置是以反映漏电设备外壳对地电压为基础的，其工作原理如图 2-16 所示。作为检测机构的电压继电器(中间继电器)KA 零电位端接地或接辅助中性点，另一端在使用时直接接于电动机等金属设备的外壳。当设备漏电，其外壳对地电压达到危险数值时，继电器迅速动作，切断作为执行机构的接触器 KM 的控制回路，从而切断电动机的电源。图 2-16 中，R_x 是检验支路中的电阻。中间继电器的零电位端应与设备的接地体、接地线或接零线分开，以保证漏电保护的有效性。为了灵敏可靠，继电器应有很高的阻抗。

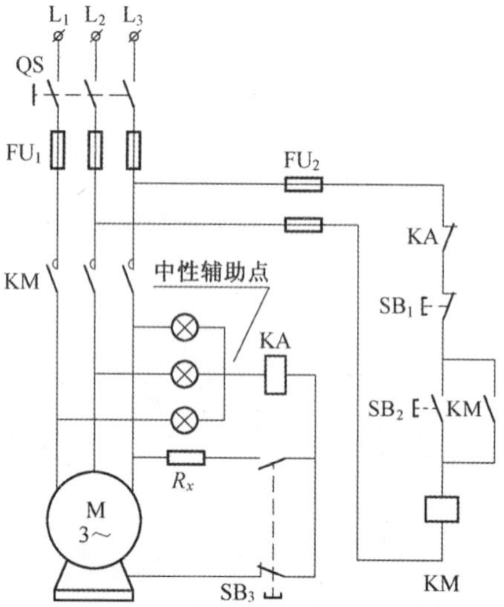

图 2-16　电压型漏电保护装置工作原理

2. 电压动作型漏电保护装置的特点

电压型漏电保护装置结构简单，但只能防止间接接触电击，不能防止直接接触电击。

3. 电压动作型漏电保护装置的适用范围

电压动作型漏电保护装置适用于用电设备的漏电保护，可以用于接地系统，也可以用于不接地系统。

(四) 剩余(零序)电流型漏电保护装置

电流动作型漏电保护装置分为剩余电流型和泄漏电流型两类。现在使用的大多数都是剩余电流型保护装置。剩余电流是零序电流的一部分，这部分零序电流是故障时流经人体，或经故障接地点流入地下，或经保护导体返回电源的电流。这种漏电保护装置都采用零序电流互感器作为取得触电或漏电信号的检测元件。剩余电流型漏电保护装置又可分为电磁式漏电保护装置和电子式漏电保护装置两种，前者没有电子放大环节。

1. 电磁式漏电保护装置

(1)电磁式漏电保护装置的结构。电磁式漏电保护装置主要由零序电流互感器、漏电脱扣器和开关装置三部分组成,其工作原理如图 2-17 所示。

(2)电磁式漏电保护装置的工作原理。这种保护装置以极化电磁铁 YA 作为中间机构。极化电磁铁由于带有永久电磁铁所具有的极性,在正常情况下,永久(极化)磁铁的吸力克服弹簧的拉力使衔铁保持在闭合位置。图 2-17 中,三相电源线穿过环形的零序电流互感器 TA 构成互感器的原边,与极化磁铁 YA 连接的线圈构成互感器的副边。设备正常运行时,互感器原边的三相电流在其铁芯中产生的磁通互相抵消,互感器副边不产生感应电动势,电磁铁不动作;当设备发生漏电或有人触电时,出现零序电流,互感器副边产生感应电动势,电磁铁线圈中有电流流过,并产生交变磁通。这个磁通与永久磁铁的磁通叠加,产生去磁作用,使吸力减小,衔铁被反作用弹簧拉开,机械式脱扣机构 Y 动作,并通过开关设备断开电源。图中 SB 与 R_x 串联构成检查支路,SB 是检查按钮,R_x 是限流

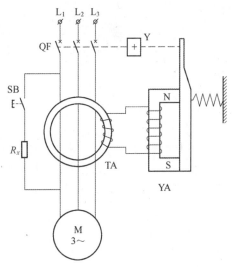

图 2-17　电磁式漏电保护装置工作原理

电阻。如果在零序电流互感器后装上电子放大环节或开关电路,则构成电子式电流型漏电保护装置。

2. 电子式漏电保护装置

(1)电子式漏电保护装置的结构。电子式漏电保护装置主要由零序电流互感器、漏电脱扣器、电子放大器和开关装置组等组成,如图 2-18 所示。

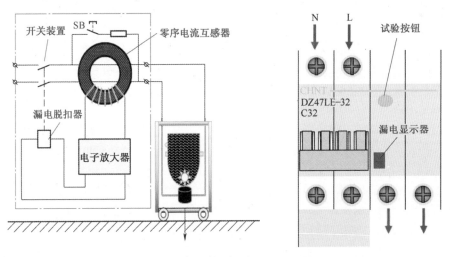

图 2-18　电子式漏电保护装置结构

(2)电子式漏电保护装置的工作原理:

①正常工作:合上开关,当没有人触电或没有发生接地故障时,电路正常工作,零相线上的电流大小相同,方向相反,零序电流互感器的铁芯磁通平衡,没有感应电流电压输出,漏电脱扣器不动作,开关保护闭合,如图 2-19(a)所示。

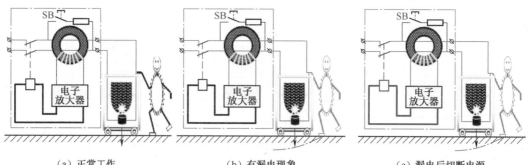

（a）正常工作　　　　　（b）有漏电现象　　　　　（c）漏电后切断电源

图 2-19　电子式漏电保护装置原理图

②漏电工作原理：当有人触电或有发生接地故障时，漏电电流直接流入大地，不返回零线，零火线上的电流不相等，导致零序电流互感器的铁芯磁通不平衡，互感器线圈有感应电流电压输出，如图 2-19（b）所示。经电子放大电路放大后，驱动脱扣器动作，带动开关装置跳闸，切断电源，如图 2-19（c）所示。

3. 电流型漏电保护装置的特点

与电压型漏电保护装置相比，电流型漏电保护装置比较复杂，但它既能防止间接接触电击，也能防止直接接触电击。

4. 额定漏电动作电流

额定漏电动作电流是指能使漏电保护器动作的最小电流，是电流型漏电保护装置的主要参数。我国标准规定电流型漏电保护装置的额定漏电动作电流可分为高灵敏度、中灵敏度和低灵敏度三种：

（1）高灵敏度：漏电动作电流 6~30 mA，用于保护人。高灵敏度电流型漏电保护装置的等级有：6 mA、10 mA、（15 mA）和 30 mA 等四个级别，其中带括号者不推荐优先使用。

（2）中灵敏度：漏电动作电流 50~1 000 mA，主要用于防漏电火灾。中灵敏度电流型漏电保护装置的等级有：（75 mA）、100 mA、（200 mA）和 300 mA、500 mA 和 1 A 等六个级别，其中带括号者不推荐优先使用。

（3）低灵敏度：漏电动作电流大于 1 A，主要用于监测故障接地。低灵敏度电流型漏电保护装置的等级有 2 A、3 A、5 A、10 A 和 20 A 等五个级别。

5. 漏电动作时间

漏电保护装置的动作时间是指最大分断时间，也是电流型漏电保护装置的主要参数。

漏电保护装置的动作时间应根据保护要求确定，有快速型、定时限型和反时限型三种。

（1）快速限型：动作时间小于 0.1 s；

（2）定时限型：动作时间在 0.1~2 s 之间。

（3）反时限型：漏电电流越大，动作时间越快。当额定漏电动作电流时，动作时间不超过 1 s；2 倍额定漏电动作电流时，动作时间不超过 0.2 s；5 倍额定漏电动作电流时，动作时间不超过 0.03 s。

（五）漏电保护装置的选用与安装

1. 漏电保护装置的选择

（1）漏电保护装置应根据所保护电路的电压等级、工作电流及动作电流的大小来选择。

（2）灵敏度（动作电流）的选择：要视电路的实际泄漏电流而定，不能盲目追求高的灵敏度。漏电保护器的动作电流选择得越低，当然可以提供安全的保护，但不能盲目追求低的动作电流。因为任何供电回路设备都有一定泄漏电流存在，当漏电保护装置的动作电流低于电器设备的正常泄漏电流时,漏电保护装置就不能投入运行,或者由于经常动作而破坏供电的可靠性。因此,为了保证供电的可靠性,不能盲目追求高的灵敏度。

(3)对以防止触电为目的的漏电保护开关,宜选择动作时间为 0.1 s 以内,动作电流在 30 mA 及以下的高灵敏度漏电保护装置。

(4)浴室、游泳池、隧道等触电危险性很大的场所、医院和儿童活动场所,应选用高灵敏度、快速型漏电保护装置,动作电流不宜超过 10 mA。

(5)触电时得不到其他人的帮助及时脱离电源的作业场所,漏电保护装置的动作电流不应超过摆脱电流。

(6)触电后可能导致严重二次事故的场合,应选用动作电流 6 mA 的快速型漏电保护装置。

2. 漏电保护装置的安装及接线

(1)安装漏电保护装置前,应仔细检查其外壳、铭牌、接线端子、试验按钮、合格证等是否完好。

(2)漏电保护装置的安装必须遵守制造厂的使用说明规定。

(3)漏电保护装置不宜装在机械振动大或交变磁场强的位置。

(4)安装漏电保护装置后,原则上不能撤掉低压供电电路和电气设备的基本防电击措施,而只允许在一定范围内做适当的调整。

(5)用于防止触电事故的漏电保护装置只能作为附加保护,不得取消或放弃原有的安全防护措施。

(6)漏电保护装置的接线必须正确,接线错误可能导致漏电保护装置误动作,也可能导致漏电保护装置拒动作。

(7)漏电保护装置负载侧的电路(包括相线和工作零线)必须保持独立,不得与接地装置连接,不得与保护零线连接,也不得与其他电气回路连接。

(8)在保护接零电路中,应将工作零线与保护零线分开,工作零线必须经过漏电保护器,保护零线不得经过漏电保护器。

(9)在潮湿、高温、金属占有系数大的场所及其他导电良好的场所,必须设置独立的漏电开关,不得用一个漏电开关同时保护两台及以上的电器设备。

(10)对运行中的漏电保护器应进行定期检查,每个月至少检查一次,并做好检查记录。检查内容包括外观检查、试验装置检查、接线检查、信号检查和按钮检查。

七、配电箱(板)的配线

(一)配电箱的配线方式

配电箱的配线方式主要有板后配线和板前明配线(立体配线)两种方式。

(1)板后配线:一般用于木配电箱或木配电板,现已很少采用;如果用于铁配电箱,导线穿过铁板时,一定要用保护管加以保护。

(2)板前明配线(立体配线):常用于配电箱(板)的接线之中,要求开关电器之间的连接导线做到横平竖直,导线之间尽量少交叉。

(二)板后配线的规定

板后配线的规定如图 2-20 所示。

(1)额定电流为 10~15 A 的电器,其引入或引出线,均从离电器 20 mm 的位置引入或引出,如图 2-20(a)所示。

(2)额定电流为 20~30 A 的电器,其引入或引出线,均从离电器 30 mm 的位置引入或引出。

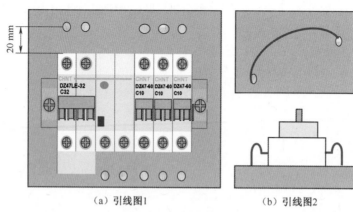

（a）引线图1　　　　　　　　　（b）引线图2

图 2-20　板后配线

（3）额定电流为 60 A 的电器,其引入或引出线,均从离电器 50 mm 的位置引入或引出。

（4）板后的导线应留出适当余量,以便日后检修之用,如图 2-20（b）所示。

（三）板前明配线（立体配线）的步骤

板前明配线（立体配线）的步骤如下:

（1）裁剪导线:每接一根线,应先剪一根比电路稍长的导线。

（2）拉直导线:用布片将导线拉直。

（3）弯制导线:将拉直的导线按电路走向在空中弯制成形。

（4）接线:对弯制成形的导线进行修改,使之横平竖直,贴紧板面,然后接到电器的接线桩上。导线应尽量两根或多根一起并排行走,走行时应尽量不要出现互相交叉的现象。两根或两根以上的电路,应用线码锁紧,但线码不用固定;导线进出电器时,进出导线与电器的距离应大至一样,离电器最近的导线,与电器的距离应在 15 mm 左右。

（四）立体配线注意事项

（1）弯制导线必须在空中进行。不能将导线的一端固定在电器的接线桩上沿电路走向弯制。

（2）导线应尽量两根或多根一起行走。两根或两根以上的电路,应用线码锁紧,但线码不用固定。

（3）行走的导线应尽量不要出现互相交叉的现象。

（4）导线进出电器时,进出导线与电器的距离应大至一样,离电器最近的导线,与电器的距离应在 15 mm 左右。

知识拓展

电流和电压最常用的测量方法是用电流表和电压表直接测量。测量时,电流表必须与负载串联,电压表必须与被测电压并联。为了避免仪表接入电路后改变电路原来的工作状态,要求电流表的内阻应尽量小,且量程越大,内阻应越小。同理,对于电压表,则要求内阻应尽量大,且量程越大,内阻应越大。此外,减小电流表的内阻、增大电压表的内阻也可以减少仪表本身消耗的功率。

一、电流的测量

测量电流用的仪表,称为电流表。为了测量一个电路中的电流,电流表必须与这个电路串联。为了防止电流表接入电路时,不影响电路的原始状态,电流表本身的内阻要尽量小,或者说与负载阻抗相比要足够小。否则,被测量电流将因电流表的接入而发生变化,形成较大的测量误差。

测量前,要根据被测电流的大小来选择适当的仪表,如安培表、毫安表或微安表,使被测量的电流处于该电流表的量程之内。若被测的电流大于所选电流表的最大量程,则电流表会因过载而被烧坏。因此,在测量前应对电流大小进行估算,或先使用较大量程的电流表试测,然后再转换适当量程的电流表。

(一)直流电流的测量

1. 直流小电流的测量

测量直流小电流时,采用直接接入法测量,即直接将直流电流表串接在电路中即可,如图 2-21(a)所示。接线时要注意极性,电流表的正极接被测电路的高电位点,电流表的负极接被测电路的低电位点。

2. 直流大电流的测量

测量直流大电流时,采用分流器接入法测量,则需要借助分流器来完成。将分流器的电流端钮(外

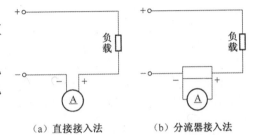

(a)直接接入法　　　(b)分流器接入法

图 2-21　直流电流的测量电路图

侧两个端钮)串接入电路中,电流表由外附定值导线接在分流器的电位端口上(外附定值导线与仪表、分流器应配套),如图 2-21(b)所示。

(二)交流电流的测量

1. 交流小电流的测量

测量交流小电流时,采用直接接入法测量,即直接将交流电流表串接在电路中即可,如图 2-22(a)所示。

2. 交流大电流的测量

测量交流大电流时,采用电流互感器接入法测量,则需要借助电流互感器来完成。将电流互感器一次侧的线圈串接在电路中,电流表接入互感器二次侧的线圈,如图 2-22(b)所示。

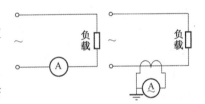

(a)直接接入法　　(b)互感器接入法

图 2-22　交流电流的测量电路图

(三)流互感器

(1)作用:

①与交流电流表配合,测量电力系统电流。

②与继电器配合,保护电力系统设备。

③可以使测量仪表、自动化及保护装置等与高电压隔离,以保证操作人员和设备的安全。

④便于仪表和继电器的标准化。

(2)结构:主要由铁芯和绕组组成。

(3)工作原理:相当于变压器的短路运行。

(4)输出额定电流:输出电流规定为 5 A。

(5)接线方式:

①用单只电流互感器测量单相电流:一次绕组串入主电路,二次绕组接电流表及其他电器(电流继电器),组成测量(或电气控制)电路,如图 2-22(b)所示。

②用两只电流互感器测量三相三线制的三相线电流,如图 2-23 所示。

③用三只电流互感器测量三相四线制的三相线电流,如图 2-24 所示。

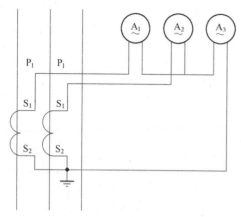

图 2-23　两个互感器测量三相线电流

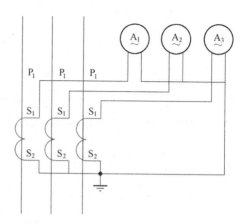

图 2-24　三个互感器测量三相线电流

（6）电流互感器的选择：

①应按负载电流的大小选择电流互感器的变流比，电流互感器一次额定电流应在运行电流的 20%～120% 范围内。

②电流互感器一次额定电压和运行电压相同。

③保证二次负载（如仪表及继电器等）所消耗的功率不超过电流互感的额定容量。

④按不同的要求，选择合适的接线方式。

⑤根据测量目的和保护方式，选择电流互感的精确度等级。

（7）电流互感器的安装注意事项：

①为了安全，电流互感器副绕组的一端（一般为 S_2 端）和铁芯必须有可靠的接地。

②电流互感器二次绕组不应开路。当拆除二次回路仪表时，应通过接线板将二次绕组接线端短路并直接接地。

③电流互感器二次绕组绝缘电阻低于 10 MΩ 时，必须干燥，使绝缘恢复。

④电流互感器连接的母线必须牢固且不能使互感器受到拉力。

⑤安装时，各互感器与支持绝缘子等设备装在同一中心线上，并保证其中心的每一相线在同一平面上，各互感器间隔应一致，其法兰盘应接地，并用裸铜线及螺栓紧固。

⑥接线时必须注意互感器的极性，不允许接错，否则会造成测量错误。

⑦安装完毕，必须经过交接试验后，方可投入运行。

二、电压的测量

用来测量电压的仪表，称为电压表。为了测量电压，电压表应跨接在被测电压的两端之间，即与被测电压的电路或负载并联。为了不影响电路的工作状态，电压表本身的内阻抗要尽量大，或者说与负载的阻抗相比要足够大，以免由于电压表的接入而使被测电路的电压发生变化，形成较大的误差。测量时应根据被测电压的大小设置电压表的量程，量程要大于被测电路的电压，否则有可能损坏电压表。

（一）直流电压的测量

直接测量电路两端直流电压的电路如图 2-25（a）所示。电压表正极必须接被测电路高电位点，负极接低电位点，在仪表量程内测量。如果需扩大量程，无论是磁电式、电磁式或电动式仪表，均可在电压表外串联分压电阻，如图 2-25（b）所示。所串分压电阻越大，量程越大。

(二) 交流电压的测量

用交流电压表测量交流电压时,电压表不分极性,只需在测量量程范围内直接并上被测电路即可,如图 2-26(a) 所示。如果需要扩大量程,无论是磁电式、电磁式或电动式仪表,均可加接电压互感器,如图 2-26(b) 所示。

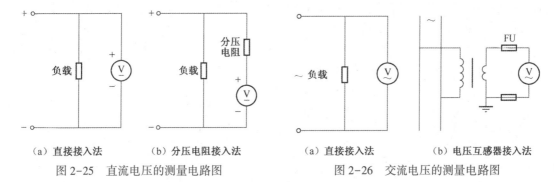

(a) 直接接入法　　　(b) 分压电阻接入法　　　　　(a) 直接接入法　　　(b) 电压互感器接入法

图 2-25　直流电压的测量电路图　　　　　　图 2-26　交流电压的测量电路图

三、测量注意事项

(1) 选择适当量程的电流表,防止过大的电流损坏仪表,也要避免仪表指针偏转太小而导致过大的测量误差。指针所指位置最好在量程的 2/3 到满量程之间,这时误差最小。

(2) 测量直流电流,接直流电流表时要注意极性,仪表的正极接被测电路的正极,仪表的负极接被测电路的负极。

(3) 特别注意,电流表不能跨接在不同电位的两条导线上,否则电流表将立即烧坏。

(4) 使用电流互感器测量电流或使用电压互感器测量电压时,互感器二次侧必须有一端与铁芯一起接地,以防止绝缘损坏时高压窜入二次侧。

(5) 在测量过程中,电流互感器不允许开路现象出现,而电压互感器则不允许短路现象出现。电流互感器二次侧不允许接熔断器,而电压互感二次侧要接熔断器。

(6) 电流互感器输出的额定电流规定为 5 A,而电压互感器输出的额定电压规定为 100 V,所以,在采用互感器接法时,要按规定选用仪表的量程。实际测量数值等于表读数乘以变比,但表盘上读数在出厂前已按变比标出,可直接读出被测电路的实际数值。

技能训练一　万用表的正确使用

1. 训练目的

掌握万用表的正确使用方法。

2. 训练器材

(1) MF-47 万用表 1 个。

(2) 带直流电源的电路板 1 块。

(3) 各种规格的电阻若干,二极管、晶体管名若干。

3. 训练步骤

(1) 测量电阻:

① 插入测试笔:将红色测试笔的连接线插头插到红色端钮上或标有"+"号的插孔内,黑色测试

笔的连接线插头插到黑色端钮上或标有"–"号的插孔内。

②选挡:把转换开关打到"Ω"挡;适当调整量程,使指针指在量程的1/2处左右。

③调零:

- 机械调零:两根表笔没有短接时,指针应指在电压标尺的"0"上。
- 电阻调零:先将两根表笔短接,用电阻调零的旋钮将指针调整在电阻标尺的"0"位,每更换一挡都应重新电阻调零。

④切断电路电源,松开负载的连线,将红色、黑色表笔分别接电阻的两个接线端,测量电阻的阻值。

⑤正确读出读数:读数时应使视线、表针、刻度线重叠。

⑥测量完毕,必须将转换开关打到交流电压挡最大量程位置上。

(2)测量交流电压:

①选挡:把转换开关打到"V"挡,适当调整量程,为了减少测量误差,选择量程时应尽量使指针指在量程的2/3处左右,即接近满量程测量。

②如果不知道被测量电压的数值,可选用表的最高测量范围,若指针偏转较小,再逐级调低到合适的测量范围。

③将万用表红色、黑色表笔与被测电路并联,正确读出读数。

④测量完毕,必须将转换开关打到交流电压挡最大量程位置上。

(3)测量直流电压:

①选挡:把转换开关打到"V"挡,适当调整量程。

②找出被测电路的正负极,如果无法弄清电路的正负极,可用两根表笔轻快地碰测,根据表针的指向,找出正负极。

③红表笔接至被测电路的正极,黑表笔接至被测电路的负极,读出正确读数。

④测量完毕,必须将转换开关打到交流电压挡最大量程位置上。

(4)测量直流电流:

①选挡:把转换开关打到"A"挡,适当调整量程。

②切断被测电路电源,断开被测电路,按电流从正到负的方向将万用表串联到被测电路中。

③合上被测电路电源,读出被测电流的数值。

④万用表退出被测电路,恢复被测电路。

⑤测量完毕,必须将转换开关打到交流电压挡最大量程位置。

(5)判断电容好坏:

①将转换开关打到电阻($R×10$ 或 $R×100$ 挡)并电阻调零。

②接着对电容放电。

③用表笔检查,若表针偏转后立即返回,则此电容是好的。偏幅越大,返回越大,电容的质量越好。

④测量完毕,必须将转换开关打到交流电压挡最大量程位置上。

(6)判别二极管极性:

①将转换开关打到电阻($R×10$ 或 $R×100$ 挡)并电阻调零。

②用表笔分别测量正反向二极管的两端,读出两状态下的电阻读数。

③判别极性:

- 如果读数一大一小,小的读数是二极管的正向电阻,这时红表笔接二极管的"–"极,黑表笔接二极管的"+"极;大的读数则是二极管的反向电阻,一般二极管(小功率)正向电阻约几十欧至几百欧,反向电阻约200 Ω以上,大功率二极管的正反电阻相对要小些。

● 如果测出的正反向电阻都一样很小,那么这只二极管已烧坏;如果正反向电阻很大,那么可能内部结构断线,此时二极管都不能使用。

④判别完毕,必须将转换开关打到交流电压挡最大量程位置上。

4. 训练注意事项

(1)使用前必须检查万用表好坏,若发现损坏应找老师更换。

(2)必须牢记万用表的使用注意事项,千万不能带电测量电阻。测量完毕,万用表量程转换开关必须打到交流挡位最大量程上。

(3)万用表使用完毕,应放回抽屉内,以防不小心碰到万用表,将它摔到地上摔坏。

技能训练二 钳形电流表测量交流电流

1. 训练目的

掌握钳形电流表的正确使用方法。

2. 训练器材

(1)钳表 1 个。

(2)训练室电源总开关箱 1 个。

3. 训练步骤

钳表测量交流电流的步骤如下:

(1)打开电源总开关箱门,确定被测电路。

(2)选择适当的量程,并检查指针是否指零。

(3)手握钳表,捏紧钳表手把,张开铁芯。

(4)将钳表卡入,使导线处于铁芯中央,然后松开把手,使铁芯闭合。

(5)读出正确读数。

(6)钳表退出导线,将开关箱门锁好。

4. 训练注意事项

(1)使用前必须检查钳表好坏,如发现损坏应找老师更换。

(2)必须牢记钳表的使用注意事项,测量时如发现所选量程不适合,应退出导线,才能重选量程。测量完毕,钳表量程转换开关必须打到最大量程位置上。

(3)由于需带电测量,属于带电工作。测量时,必须有老师在现场监护才能进行,不允许擅自通电测量。

(4)钳表使用完毕,应放回专用保管袋内保管。

技能训练三 兆欧表测量绝缘电阻

1. 训练目的

掌握兆欧表的正确使用方法。

2. 训练器材

(1)500 V、2 500 V 兆欧表各 1 个。

(2)1 m 长的多股绝缘铜导线(BV-16)1 根、三相电动机 1 台、0.5 m 长的铠装电缆 1 根。

训练接线图如图 2-27 所示。

3. 训练步骤

(1)兆欧表测量运行中电动机(或电路)绝缘电阻的步骤:

①停电:先断开负荷开关,后断开隔离开关,并在隔离开关的操作手柄上挂"有人工作,禁止合闸"(或"电路有人工作,禁止合闸")标示牌。

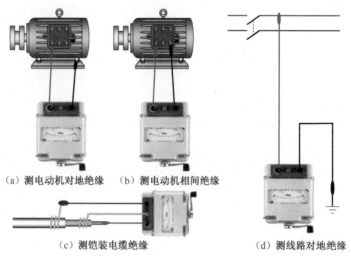

（a）测电动机对地绝缘　（b）测电动机相间绝缘

（c）测铠装电缆绝缘　　　　　（d）测线路对地绝缘

图 2-27　兆欧表测量正确接线

②验电：使用验电器（电笔）对电动机的接线端子（或导线）进行验电。对于大容量的电动机（或很长的电路），必须先放电后验电。

③拆电动机接线盒的电源进线和端子的短接片。

④选择适当的兆欧表，并检查摇表外表及测量线是否良好，并将被测设备表面擦拭干净。

⑤平稳放置兆欧表，以免在摇动时因抖动和倾斜产生测量误差。

⑥检查兆欧表的好坏：用短路试验和开路试验进行检查。

● 短路试验：将两根检测线（L、E）短接，然后缓慢摇动兆欧表手柄，指针应指在"0"处。

● 开路试验：将两根检测线（L、E）开路，然后摇动兆欧表手柄，指针应指在"∞"处。

⑦测量各电动机绕组（或电路各相导线）对地绝缘电阻：

● 测量线 L 接电动机的其中一相绕组（或电路的其中一相导线），测量线 E 接电动机外壳（或接接地体）。

● 摇动手柄，转速由慢渐快，使转速约保持 120 r/min。

● 摇至表针摆动到稳定处读出数据。

● 拆去兆欧表的测量线，再停止摇动手柄；测量完毕，对设备进行放电。

● 用同样的方法测量其他两相的对地绝缘电阻。

⑧测量绕组之间的绝缘电阻：

● 测量线 L 接电动机的其中一相绕组（或电路的其中一相导线），测量线 E 接电动机的另一相绕组（或电路的另一相导线）。

● 摇动手柄，转速由慢渐快，使转速约保持 120 r/min。

● 摇至表针摆动到稳定处读出数据。

● 拆去兆欧表的测量线，再停止摇动手柄；测量完毕，对设备进行放电。

● 用同样的方法测量其他两组相间绝缘电阻。

⑨恢复被拆电路，取下标示牌，经检查无误后送电。

测量电动机的各绕组间绝缘电阻及各绕组对地绝缘电阻。

（2）用兆欧表测量运行中铠装绝缘电缆绝缘电阻的步骤：

①停电：先断开负荷开关，后断隔离开关，并在隔离开关的操作手柄上挂"电路有人工作，禁止合闸"标示牌。

②验电:使用验电器(电笔)电缆各相进行验电。对于很长的电路,必须先放电后验电。

③选择适当的兆欧表,并检查兆欧表外表及测量线是否良好,并将被测设备表面擦拭干净。

④平稳放置兆欧表,以免在摇动时因抖动和倾斜产生测量误差。

⑤检查兆欧表的好坏。

⑥测量电路各相对地绝缘电阻:

* 测量线 L 接电路的其中一相导线线芯,测量线 E 接铠装电缆的铅皮上。
* 将另外两相导线短接,并接到接铠装电缆的铅皮上。
* 用裸软导线将兆欧表的"屏蔽"(G)接到电缆的绝缘层上(靠近 L 线)。
* 摇动手柄,转速由慢渐快,使转速约保持 120 r/min。
* 摇至表针摆动到稳定处读出数据。
* 拆去兆欧表的测量线,再停止摇动手柄;测量完毕,对设备进行放电。
* 用同样的方法测量其他两相的对地绝缘电阻。

⑦测量电缆导线之间的绝缘电阻:

* 测量线 L 接电缆电路的其中一相导线线芯,测量线 E 电缆的另一相导线线芯。
* 摇动手柄,转速由慢渐快,使转速约保持 120 r/min。
* 摇至表针摆动到稳定处读出数据。
* 拆去兆欧表的测量线,再停止摇动手柄;测量完毕,对设备进行放电。
* 用同样的方法测量其他两组相间绝缘电阻。

⑧恢复电路,取下标示牌,经检查无误后送电。

4. 训练注意事项

(1)使用前必须检查摇表好坏,若发现损坏应找老师更换。

(2)必须牢记摇表的使用注意事项,千万不能带电测量电阻。测量大容量的电气设备或电路绝缘电阻前,必须对设备或电路进行放电,测量完毕也应对设备或电路进行放电。

(3)测量运行中的电动机或电路时,停电、验电、拆线等工作属于带电作业,必须在老师的监护下,不得擅自测量。

(4)在测量过程中,若发现指针快速指 0,应立即停摇,以防测量电流过大烧坏仪表。

技能训练四　接地电阻测量仪测量接地电阻

1. 训练目的

掌握用接地电阻测量仪测量接地电阻的正确方法。

2. 训练器材

(1)接地电阻测量仪 1 只。

(2)模拟接地装置 1 套。

(3)电工常用工具 1 套。

训练接线图如图 2-28 所示。接地极 E′、电位探测针 P′和电流探测针 C′三点成一直线,E′至P′的距离为 20 m 左右,E′至 C′的距离为 40 m 左右,然后用专用导线分别将 E′、P′和 C′接到仪表相应的端子上,如图 2-28(a)所示;如测量仪有四个接线柱,那么把 C_2、P_2 端钮短接后作为 E(接地极)点,如图 2-28(b)所示。

3. 训练步骤

(1)用扳手将接地装置引出线上的接断卡断开,切断接地线与接地体的联系。

(2)观察现场,找出适当的测量用路径。

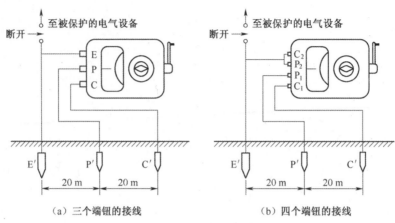

（a）三个端钮的接线　　　　　　（b）四个端钮的接线

图 2-28　接地电阻测量接线图

（3）用 5 m 长的测量线（一般是黑色绝缘软铜芯线）将接地体引出端与接地测量仪的"E"接线柱连接起来。

（4）连接安装电压测量线：

①将 20 m 长的测量线一端接到仪表的"P"接线柱上，然后拿着铁锤、探测针和 20m 的测量线，沿着确定的路径放线。

②放完 20 m 测量线后，在离接地体 20 m 的位置，用铁锤将电压探测针打入地面，然后将测量线的另一端接到探测针上。

（5）用同样方法连接安装 40 m 的电流测量线，电流探测针距接地体 40 m。

（6）把仪表放在水平位置，检查检流计指针是否指在黑线上，否则应调整指针指于黑线上，然后将仪表的倍率标度置于中间标位。

（7）慢慢转动发电机的摇把，同时旋转"测量标度盘"使检流计指针平衡，接近中心线。

（8）当指针接近黑线时，加快发电机摇把的转速，达到 120 r/min 以上，再调整"测量刻度盘"，使指针指于黑线。当指针停留在黑线不动时，说明检流计中的电桥已平衡，可停止摇动手柄。

注意：

①当指针指于黑线时，读数小于 1，应将"倍率标度"调小 1 级，然后重新测量。

②当测量刻度盘调到最大刻度时，指针仍不能指黑线，应将"倍率标度"调大 1 级，再重新测量。

（9）将"测量刻度盘"的读数乘以"倍率标度盘"的倍率即为所测的接地电阻值。

4. 训练注意事项

（1）当检流计的灵敏度高时，可将电位探测针 P′插入土中浅些，当检流计灵敏度不够时，可沿电位探测针 P′和电流探测针 C′注水，使其湿润。

（2）测量时，接地电路要与被保护的设备断开，以便得到准确的测量数据。

技能训练五　单相配电箱（含电度表）电路的安装接线

1. 训练目的

掌握单相配电箱（含电度表）电路安装接线的实作技能。

2. 训练器材

（1）电工实训台 1 张。

（2）单相电子电度表 1 个、单相空气漏电开关 1 个、单相空气开关 3 个。

（3）十位端子排 1 条、空气开关导轨 1 条、绝缘铜芯线 BVV-1.5 及木螺钉若干。

（4）电工常用工具 1 套。

单相配电箱（含电度表）的安装接线图如图 2-29 所示。

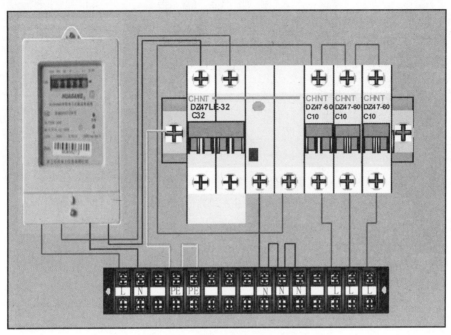

图 2-29　单相配电箱安装接线图

3. 训练步骤

（1）根据图 2-28 确定电度表、导轨和端子排安装位置。

（2）安装电度表、导轨、空气漏电开关、空气开关和端子排；

（3）按接线图接线。

4. 训练注意事项

（1）电度表接线时，1 号接线桩接相线进线，2 号接线桩接相线出线。如果接反了，电度表就会反转。

（2）开关接线时，必须符合上进下出的规定。

（3）漏电开关接线时，要按接线桩上标明的零线、相线接线。如果接线桩上没有标明零线、相线，则应按左零右相的规定接线。

（4）采用板前明配线时，导线要横平竖直，导线要紧贴排列，并贴紧板面。

技能训练六　三相配电板（含电度表）电路的安装接线

1. 训练目的

掌握三相配电箱（含电度表）电路安装接线的实作技能。

2. 训练器材

（1）三相四线制电度表（5 A）1 只、三相漏电断路器 1 个。

（2）配电制板（400 mm×500 mm）1 块、绝缘铜芯线 BVV-1.5 及木螺钉若干。

（3）电工常用工具 1 套。

三相配电箱（含电度表）的接线图如图 2-30 所示。

3. 训练步骤

（1）将三相四线电度表和漏电断路器放在配电制板上，使它们排列整齐美观，然后定位钻穿线

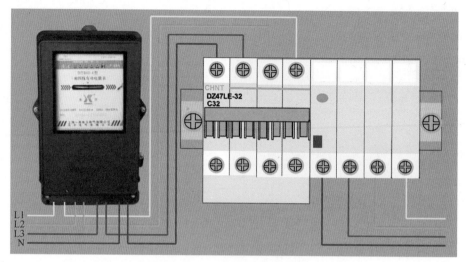

图 2-30　三相配电箱的接线图

孔,但采用板前配线时,则不用钻穿线孔。

(2)在制板上固定三相四线电度表和漏电断路器。

(3)按接线图接线。

4. 训练注意事项

(1)电度表接线时,1、4、7 号接线桩接电源进线 L1、L2、L3;而 3、6、9 号接线桩接入漏电断路器上桩 5、3、1 接线桩。10 号接线桩接电源 N,11 号接线桩接入漏电断路器上桩 N 接线桩,不可接错。

(2)采用板后配线时,电度表与刀开关,刀开关与漏电开关之间的连线,要预留一定的松弛度,不能拉得过紧。

(3)采用板前明配线时,导线要横平竖直,导线要紧贴排列,并贴紧板面。

测试题

1. 电工仪表按工作原理分类有哪几种? 它们各有什么特点?

2. 用电流、电压表测量交直流电流电压时要注意什么?

3. 钳表主要由哪几部分组成? 使用时应注意什么?

4. 如何选用摇表? 使用摇表时应注意什么?

5. 用摇表摇测绝缘电阻时,摇速有什么规定?

6. 携带式手电钻的绝缘电阻不应低于多少?

7. 如何测量运行中的电动机绝缘电阻?

8. 万用表由哪几部分组成? 用万用表测量电阻时应注意哪些事项?

9. 如何判别二极管的极性及好坏?

10. 测量接地装置的接地电阻时,接极、电位控测针、电流控测针的关系如何? 测量接地电阻时应注意什么?

11. 用绝缘铜导线作低压电力设备的明敷接地线时,其截面不得小于多少?

12. 利用裸铜导体作明敷的接地线时,其截面不得小于多少?

13. 用圆钢敷设在室内的地面上作接地线时,其最小直径应为多少?

14. 用圆钢敷设在地下作接地线时,其最小直径应为多少?

15. 用扁钢敷设在室内地面上作接地线时,其最小截面应为多少?

项目 **三** 　触电事故的预防与急救

项目导入

　　电对人类的生产生活带来了极大的好处,但是有时也会危害人类。人如果不小心,会被电击,轻者受伤,重者毙命,使用不当,电会引起火灾,造成人员和财产的损失。因此,通过本项目的学习,可了解电流对人体的伤害,掌握触电事故发生的规律,掌握使触电者脱离电源的方法,掌握心肺复苏的操作技能。这对每一个人都十分必要,特别是从事强电行业工作的工作人员尤其重要。

学习目标

　　(1)了解触电事故的种类、危险性及触电事故发生的规律。
　　(2)了解电流对人体的危害及电伤害的原因。
　　(3)掌握高、低压触电使触电者正确脱离电源的方法。熟知使触电者脱离电源时的注意事项。
　　(4)能对不同触电伤势的触电者采用正确的方法施救。熟知对触电者紧急救护的注意事项。
　　(5)掌握口对口(鼻)人工呼吸急救法。
　　(6)掌握人工胸外心脏挤压急救法。

项目情境

　　本项目教学建议:在多媒体教室教学,通过观看"多种触电事故的施救方法"的视频,让学员分组讨论:高、低压触电时使触电者正确脱离电源的方法。对于心肺复苏术,建议先观看一段触电急救的视频后,再引导学员在模拟人旁进行现场教学,边讲边练。

相关知识

一、对地电压、接触电压和跨步电压

(一)对地电压

　　电工上通常讲的"地"是指离接地体 20 m 外,它的电压已降为零(电位为零),如图 3-1 所示。对地电压就是带电体与电位为零的大地之间的电位差,等于接地电流与接地电阻的乘积。

(二)接触电压

　　接触电压是指加于人体某两点之间的电压。接触电压通常按人体离开设备 0.8 m 考虑,如图 3-2 所示。接地极离设备越近,接触电压越小,受电击伤害程度越低。

(三)跨步电压

　　当电气设备或电力系统的一相碰地时,就有故障电流流向接地体或从碰地处向四周散开,而

在地面上便呈现出不同的电位分布。当人的两脚站在这种不同电位的地面上时,两脚间呈现的电位差称为跨步电压。跨步电压的大小受接地电流大小、鞋、地面特征、两脚之间的跨距、两脚的方位,以及离接地点的远近等很多因素的影响,离接地点(或极)极越远,跨步电压越小,也就是说受电击伤害程度越低,人的跨距一般按 0.8 m 考虑,如图 3-2 所示。

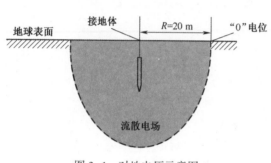

图 3-1　对地电压示意图

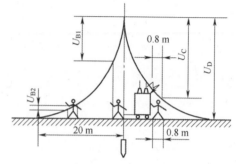

图 3-2　对地电压曲线

二、触电事故的种类

人体触摸到带电体,身体有电流流过即为触电。

电能以电流的形式作用于人体所造成的伤害事故即为触电事故。电流对人体的伤害可分为电击和电伤两种。

(一)电击

电击是指电流通过人体内部,对体内器官造成的伤害,也就是说电击是电流直接作用于人体造成的伤害。人受到电击后,可能会出现肌肉抽搐、昏厥、呼吸停止或心跳停止等现象;严重时,甚至有生命危险,大部分触电死亡事故都是电击造成的。

按照发生电击时电气设备的状态,电击可分为直接接触电击和间接接触电击两种,由于两者发生事故的条件不同,所以防护技术也不相同。

(1)直接接触电击:指触及电气设备和电路正常运行时的带电体而引发的电击(如误触接线端子发生的电击),也称为正常状态下的电击。

(2)间接接触电击:指触及正常状态下不带电,只有当电气设备或电路发生故障时意外带电的导体而引发的电击(如触及漏电设备的外壳发生的电击),也称为故障状态下的电击。

按照人体触及带电体的方式和电流通过人体的途径,电击可分为:单相电击、两相电击和跨步电压电击三种。

(1)单相电击:人体同时触及带电导体和大地所引起的触电事故称为单相电击。

特征:触电电流通过人体流入大地。

注意:大部分触电事故都属于单相电击。对于单相电击,接地电网的危险性比不接地电网大。

(2)两相电击:人体两处同时触及两相带电体所引起的触电事故称为两相电击。

特征:触电电流通过人体流但不流入大地。

注意:两相电击的危害性比单相电击大。

(3)跨步电压电击:人体站在故障接地点,两脚之间承受跨步电压所引起的触电事故称为跨步电压电击。下列情况和部位可能发生跨步电压电击:

①带电导体特别是高压导体故障接地时,或接地装置流过故障电流时,流散电流在附近地面各点产生的电位差可造成跨步电压电击。

②正常时有较大工作电流流过的接地装置附近,流散电流在地面各点产生的电位差可造成跨步电压电击。

③防雷装置遭受雷击或高大设施、高大树木遭受雷击时,极大的流散电流在其接地装置或接地点附近地面产生的电位差可造成跨步电压电击。

特征:两脚间呈现电位差,电流从一脚流入,通过大小腿从另一脚流出。

注意:与带较高跨步电压的接地故障点距离:室内不应小于 4 m,而室外不应小于 8 m。

(二)电伤

电伤是由电流的热效应、化学效应、机械效应等对人体造成的伤害。造成电伤的电流都比较大。电伤会在机体表面留下明显的伤痕,但其伤害作用可能深入体内。在触电伤亡中,纯电伤性质及带有电伤性质的约占75%(电烧伤约占40%)。尽管大约80%以上的触电死亡事故是电击造成的,但其中大约70%的含有电伤成分。对专业电工自身的安全而言,预防电伤具有更加重要的意义。

1. 电烧伤

电烧伤是电流的热效应造成的伤害,分为电流灼伤和电弧烧伤。

电流灼伤是人体与带电体接触,电流通过人体由电能转换成热能造成的伤害。电流灼伤一般发生在低压设备或低压电路上。

电弧烧伤是由弧光放电造成的伤害,分为直接电弧烧伤和间接电弧烧伤。直接电弧烧伤是带电体与人体之间发生电弧,有电流流过人体的烧伤,它与电击同时发生;间接电弧烧伤是电弧发生在人体附近对人体的烧伤,它包含熔化了的炽热金属溅出造成的烫伤。

电弧温度高达 8 000 ℃以上,可造成大面积、大深度的烧伤,甚至烧焦、烧掉四肢及其他部位。大电流通过人体,也可能烘干、烧焦机体组织。高压电弧的烧伤较低压电弧严重,直流电弧的烧伤较工频交流电弧严重。发生直接电弧烧伤时,电流进、出口烧伤最为严重,体内也会受到烧伤。与电击不同的是,电弧烧伤都会在人体表面留下明显痕迹,而且致命电流较大。

2. 皮肤金属化

皮肤金属化是指在电弧高温的作用下,金属熔化、汽化,金属微粒渗入皮肤,使皮肤粗糙而张紧的伤害,它多与电弧烧伤同时发生。

3. 电烙印

电烙印是在人体与带电体接触的部位留下的永久性斑痕。斑痕处的皮肤失去原有的弹性、色泽,表皮坏死,失去知觉。

4. 机械损伤

机械损伤是电流作用于人体时,由于中枢神经反射、肌肉强烈收缩、体内液体汽化等作用导致的机体组织断裂、骨折等伤害。

5. 电光眼

电光眼是发生弧光放电时,由红外线、可见光、紫外线对眼睛造成的伤害。电光眼表现为角膜炎或结膜炎。

尽管触电事故不等于电气事故,但触电事故是最常见的电气事故,而且大部分触电事故都是在用电过程中发生的,因此,研究触电事故的预防是电气安全的重要课题。

三、触电事故危险性

(一)电流对人体产生伤害的几种效应

1. 生物学效应

电流通过人体时破坏人体内细胞的正常工作,主要表现为生物学效应。电流的生物效应主要表现为使人体产生刺激和兴奋行为,使人体活动组织发生变异,从一种状态变为另一种状态。电流通过人体肌肉组织时,会引起肌肉收缩。电流可引起细胞激动,产生脉冲形式的神经兴奋波,中枢神经系统接收后,很快发出不同的指令,使人体各部做相应的反应。因此,当人体触及带电体时,一些没有电流通过的部位也可能受到刺激,发生强烈的反应,重要器官的工作可能受到破坏。

2. 热效应

电流通过人体还有热作用。电流所经过的血管、神经、心脏、大脑等器官将因为热量增加而导致功能障碍。

3. 化学效应

电流通过人体,还会引起机体内液体物质发生离解、分解,导致破坏。

4. 机械效应

电流通过人体时,会使机体各组织产生蒸汽,甚至发生剥离、断裂等严重机械伤害。

(二) 电流对人体作用的影响因素

电流对人体的作用是指电流通过人体内部对于人体的有害作用。小电流通过人体,会引起麻感、针刺感、压迫感、打击感、痉挛、疼痛、呼吸困难、血压异常、昏迷、心律不齐、窒息、心室颤动等症状,数安以上的电流通过人体,还可能导致严重的烧伤。小电流电击使人致命的最危险、最主要的原因是引起心室颤动。

电流通过人体内部,对人体伤害的严重程度与通过人体电流的大小、电流通过人体的持续时间、电流通过人体的途径、电流的种类,以及人体的身体状况等多种因素有关,而且各因素之间,特别是电流大小与通过时间之间有着十分密切的关系。

1. 电流大小的影响

通过人体的电流越大,热的生理反应和病理反应越明显,引起心室颤动所需的时间越短,致命的危险越大。对于工频交流电,按照通过人体电流大小不同,人体呈现不同的状态,可将电流划分为以下三级:

(1)感知电流:引起人的感觉的最小电流称为感知电流。人对电流的最初感觉是轻微麻抖和轻微刺痛。对于不同的人,感知电流各有不同,成年男性的平均感知电流约为 1.1 mA,女性的平均感知电流约为 0.7 mA。

感知电流一般不会对人体造成伤害,但当电流增大时,感觉增强,反应加剧,可能导致坠落等二次事故。

(2)摆脱电流:人触电后能自行摆脱带电体的通过人体的最大电流称为摆脱电流。

通过人体的电流超过感知电流继续增大时,肌肉收缩增加,刺痛感觉增强,感觉部位扩展,当电流增大到一定程度时,由于中枢神经反射和肌肉收缩、痉挛,触电人将不能自行摆脱带电体。

摆脱电流与个体生理特征、电极形状、电极尺寸等因素有关,成年男子和女子的最小摆脱电流分别为 9 mA 和 6 mA。成年男子和女子的平均(50%的人)摆脱电流分别为 16 mA 和 10.5 mA。

摆脱电流是人体可以忍受但一般尚不致造成不良后果的电流。电流超过摆脱电流以后,会感到异常痛苦、恐慌和难以忍受;若时间过长,则可昏迷、窒息甚至死亡。有事例表明,当电流略大于摆脱电流,触电者中枢神经麻痹、呼吸停止时,立即切断电源,即可恢复呼吸而并无不良影响。

(3)室颤电流:通过人体引起心室发生纤维性颤动的最小电流称为室颤电流。室颤电流的大小与电流持续时间有关,当电流持续时间大于 1 s 时,室颤电流约为 50 mA;持续时间越小,室颤电流越大,时间小于在 0.1 s 时,室颤电流在数百毫安以上。在较短时间内危及生命的电流可称为最小致命电流。电击致死的原因复杂,但电流不超过数百毫安的情况下,电击致命的主要原因是电流引起心室颤动,因此,可以认为室颤电流是最小致命电流。

2. 电流持续时间的影响

表3-1所示为工频电流对人体作用的分析资料,电击持续时间越长,则电击危险性越大,其原因有四点:

(1)时间越长,人体吸收局外电能越多,引起心室颤动的电流减小,伤害越严重。

(2)时间越长,电流越容易与心脏易激期(易损期)重合,越容易引起心室颤动,电击危险性越大。

(3)时间越长,人体电阻由于出汗、击穿、电解而下降,如接触电压不变,流经人体的电流必然增加,电击危险性随之越大。

(4)电击持续时间越长,中枢神经反射越强烈,危险性越大。

表3-1 工频电流对人体作用的分析资料

电流范围	电流/mA	通 电 时 间	人体生理反应
0	0~0.5	连续通电	没有感觉
A_1	0.5~5	连续通电	开始有感觉,手指手腕等处有痛感,没有痉挛,可以摆脱带电体
A_2	5~30	数分钟以内	痉挛,不能摆脱带电体,呼吸困难,血压升高,是可忍受的极限
A_3	30~50	数秒到数分	心脏跳动不规则,昏迷,血压升高,强烈痉挛,时间过长即引起心室颤动
B_1	50~数百	低于心脏搏动周期	受强烈冲击,但未发生心室颤动
		超过心脏搏动周期	昏迷,心室颤动,接触部位留有电流通过的痕迹
B_2	超过数百	低于心脏搏动周期	在心脏搏动周期特定的相位触电时,发生心室颤动,昏迷,接触部位留有电流通过的痕迹
		超过心脏搏动周期	心脏停止跳动,昏迷,可能致命

3. 电流途径的影响

(1)电流通过心脏会引起心室颤动,较大的电流还会使心脏停止跳动,这都会使血液循环中断导致死亡。

(2)电流通过中枢神经或有关部位,会引起中枢神经系统强烈失调而导致死亡。

(3)电流通过头部会使人昏迷,若电流较大,会对脑产生严重损害,使人不醒而死亡。

(4)电流通过脊髓,会使人截瘫。

以上四种伤害中,以对心脏的伤害最严重。因此,从左手到前胸的途径,由于其途径心脏,且途径又短,是最危险的电流途径;从脚到脚是危险性较小的电流途径。

4. 电流种类的影响

各种电流对人体都有致命危险,但不同种类的电流危险程度不同,直流电、调频电流、冲击电流和静电电荷对人体都有伤害作用,其伤害程度一般较工频电流(50~60 Hz)轻。

电流的频率不同,对人体的伤害程度也不同,25~300 Hz的电流对心脏破坏最大,1 000 Hz以上的电流,伤害程度明显减轻,但高压高频电流也有电击致命的危险。

5. 人体特征的影响

电流对人体伤害程度与人体状况的关系有以下几点:

(1)电流对人体的作用,女性较男性敏感。女性的感知电流和摆脱电流约比男性低1/3。

(2)小孩遭受电击较成人危险,例如,一个11岁男孩的摆脱电流为9 mA,一个9岁男孩的摆脱电流为 7.6 mA。

（3）身体健康、肌肉发达者摆脱电流较大,危险性减小。

（4）室颤电流与心脏质量成正比,患有心脏病、中枢神经系统疾病、肺病的人电击后的危险性较大。

(三) 人体电阻

人体电阻是确定和限制人体电流的参数之一,因此,它是处理很多电气安全问题必须考虑的基本参数。人体电阻是包括皮肤、血液、肌肉、细胞组织及其结合部在内的所有电阻,也就说人体电阻由表皮电阻和体内电阻组成。皮肤表皮(0.05~0.2 mm)的角质层的电阻值很高(电阻率可达 $1 \times 10^5 \sim 1 \times 10^6 \ \Omega \cdot m$),但其不是一张完整的薄膜,很容易受到破坏,所以计算人体电阻时一般不予考虑。

影响人体电阻的因素很多,除皮肤厚薄外,皮肤潮湿、多汗、有损伤、带有导电性粉尘等都会降低人体电阻;接触面积加大、接触压力增加也会降低人体电阻;通过电流加大,通电时间加长,会增加发热出汗,也会降低人体电阻;接触电压增高,会击穿角质层,并增加机体电解,也会降低人体电阻。在正常情况下,人体电阻一般可按 1 000~2 000 Ω 考虑,潮湿时按 500~800 Ω 考虑。

四、触电事故发生的规律

了解触电事故发生的规律,有利于增强防范意识和防止触电事故。根据对触电事故发生率的统计分析,可得出以下规律:

(一) 触电事故具有季节性

统计资料表明,触电事故多在二、三季度发生,且 6~9 月份较为集中。主要原因:一是天气炎热,人体因出汗而人体电阻降低;二是多雨、潮湿,电气绝缘性能降低,容易漏电,且这段时间是农忙季节,农村用电量增加,也是事故多发季节。

(二) 低压设备触电事故多

国内外统计资料表明,人们接触低压设备机会较多,因人们思想麻痹,缺乏安全知识,导致低压触电事故多。但在专业电工中,高压触电事故比低压触电事故多。

(三) 携带式和移动式设备触电事故多

其主要原因是工作时人要紧握设备走动,人与设备连接紧密,危险性增大;另外,这些设备工作场所不固定,设备和电源线都容易发生故障和损坏;而且,单相携带式设备的保护零线与工作零线容易接错,造成触电事故。

(四) 电气连接部位触电事故多

大量触电事故的统计资料表明,很多事故发生在接线端子、缠接接头、焊接接头、电缆头、灯座、熔断器等分支线、接户线处。主要是由于这些连接部位机械牢固性较差,接触电阻较大,绝缘强度较低,以及可能发生化学反应的缘故。

(五) 冶金、矿业、建筑机械行业触电事故多

由于这些行业生产现场条件差,不安全因素较多,以致触电事故多。

(六) 中、青年工人,非专业电工,合同工和临时工触电事故多

因为他们是主要操作者,接触电气设备较多,经验不足,又缺乏电气安全知识,而且其中有的责任心不强,以致触电事故多。

(七) 农村触电事故多

部分省市统计资料表明,农村触电事故约为城市的 3 倍。

（八）错误操作和违章作业造成的触电事故多

其主要原因是安全教育不够、安全制度不严格和安全措施不完善。触电事故的发生，往往不是单一的原因。但经验表明，作为一名电工应提高安全意识，掌握安全知识，严格遵守安全操作规程，才能防止触电事故的发生。

五、触电急救基本原则

动作迅速、方法正确是触电急救的基本原则。在触电急救过程中，要贯彻执行"迅速、准确、有效、坚持"八字方针。

（1）迅速：发现触电者时，抢救动作要快，迅速将触电者脱离电源。把触电者脱离电源后，应迅速组织现场抢救。据资料统计，触电后 1 min 开始抢救，救活率达 90%；触电后 6 min 开始抢救，救活率则只有 10%；触电后 12 min 开始抢救，救活的可能性很小。也有资料统计，若人心跳、呼吸停止，在 1 min 内进行抢救，约 80% 的人可以救活；如在 6 min 后才开始抢救，则约 80% 的人救不活。由此可见，触电后争分夺秒、立即就地正确抢救是至关重要的。

（2）准确：触电者脱离电源后，应迅速根据其症状情况，采用正确的救治方法进行抢救，也就是说要对症救治或者救治得法。

（3）有效：抢救要有效果。如果进行人工呼吸时，吹气量很少，或心脏挤压时压深不够，那么所做的一切就没有效果，途而无功。

（4）坚持：要耐心、不间断地抢救。有抢救近 5 h 使触电者得救的实例。

触电急救包括三方面的内容：一是使触电者脱离电源；二是脱离电源后，立即检查触电者的受伤情况；三是根据受伤情况确定处理方法，对心跳、呼吸停止的，立即就地采用人工心肺复苏方法进行抢救。

六、使触电者正确脱离电源的方法

（一）使触电者正确脱离电源的方法

1. 切断电源法

如果触电地点附近有电源开关或电源插销，应立即拉开关或拔出插销，切断触电电源，这种方法最安全，如图 3-3 所示。

图 3-3　切断电源

2. 砍断导线法

如果触电地点附近没有电源开关或电源插销,而且触电者因肌收缩握紧导线或电力设备时,应立即用有干燥木柄的砍刀、斧头、锄头或绝缘钳将导线砍断或剪断,使触电者脱离电源,如图3-4所示;或用干木板等绝缘物插入触电者身下,以隔断流过触电者的电流,然后再设法切断电源。

3. 挑开导线法

如果触电地点附近没有电源开关或电源插销,而且电线搭在触电者身上时,抢救者应立即用干燥的竹竿、棍棒等长绝缘物体将导线挑开,如图3-5所示;也可以穿绝缘鞋或者站在干燥的木板、木凳上用干燥的衣服、手套将导线包住拿开,使触电者脱离电源。

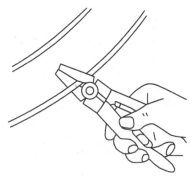

图3-4 剪断导线

4. 拉开触电者

如果触电地点附近没有电源开关或电源插销,而且触电者压着导线或电力设备时,应立即用干燥的衣服、手套、麻绳将触电者包住拉开,使之脱离电源;如果触电者的衣服是干燥的,又没有紧缠在身上,可以用一只手抓住他的衣服,将触电者拉离电源,如图3-6所示。但因触电者的身体是带电的,其鞋的绝缘也可能遭到破坏,救护人员不得接触触电者的皮肤,也不能抓他的鞋。

图3-5 挑开导线

图3-6 将触电者推离电源

(二)高压触电使触电者正确脱离电源的方法

(1)立即打电话通知有关部门停电,并参加抢救工作。

(2)戴绝缘手套,穿绝缘靴,使用符合该电压等级的绝缘工具拉开开关。

(3)掷裸体软金属线,使电路短路接地,迫使保护装置动作,断开电源。注意抛掷裸体软金属线前,先将金属线的一端可靠接地,然后抛掷另一端;注意抛掷的一端不可触及触电者和其他人员。

(三)使触电者脱离电源时的注意事项

1. 救护人员确保自身安全,防止自己触电

救护人员不可直接用手或其他金属及潮湿的物件作为救护工具,而必须使用适当的绝缘工具。救护人最好用一只手操作,以防自己触电。

2. 防止触电者二次伤害

为防止触电者脱离电源后可能的摔伤(特别是当触电者在高处的情况下),应考虑防摔措施。

即使触电者在平地,也要注意触电者倒下的方向,注意防摔。

3. 在夜间,应迅速准备临时照明,以便于开展抢救工作,防止事故扩大。

如果事故发生在夜间,应迅速解决临时照明问题(如用手电筒或打火机),以便看清导致触电的带电物体,防止自己触电,也便于看清触电者的状况以利于抢救,也可避免事故扩大。

4. 高压触电时要防止跨步电压触电

高压触电时,不能用干燥木棍、竹竿去拨高压线。应与高压带电体保持足够的安全距离,防止跨步电压触电。

5. 妥善处理带电导线和带电设备,防止触电事故扩大

如果触电者脱离电源后留下的导线仍带电,应妥善处理,以防他人再次发生触电事故。

七、触电紧急救护法

使触电者脱离电源后,应立即把他抬到附近干燥、空气清新流通的平坦地方躺下,解开其紧身衣服裤带,然后对触电者进行简单诊断(观察呼吸、检查心跳、检查瞳孔)。

(一)触电者伤势的判定

1. 检查触电者神志是否清醒

在触电者耳边响亮而清晰地喊其名字或"睁开眼睛"等话语,或用手拍打其肩膀,无反应则可判断是失去知觉、神志不清。

2. 检查触电者是否有自主呼吸

触电者如意识丧失,应在 5 s 内用看、听、试的方法,判断触电者呼吸心跳情况,如图 3-7 所示。

(1)看:看触电者的胸部、腹部有无起伏动作。

(2)听:用耳贴近触电者的口鼻处,听有无呼吸的气流声,同时面部感觉有无呼吸的气流。

(3)试:将羽绒、薄纸或棉纤维放在鼻、口前观察是否被呼气气流吹动。

3. 检查触电者是否有心跳

救护人食指和中指并齐放在触电者的喉结上,然后将手指滑向颈部气管和邻近肌肉带之间的沟内,两手指轻试颈动脉有无搏动,如图 3-8 所示。测颈动脉脉搏时应避免用力压迫动脉,脉搏可能缓慢不规律或微弱而快速,因此测试时间需 5 ~ 10 s。

　　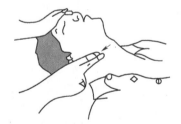

　　　图 3-7　看、听、试　　　　　　　　　图 3-8　颈动脉测试

4. 检查其他伤害情况

检查骨折、烧伤等。

(二)触电者不同触电症状的救护方法

根据简单诊断的结果,迅速采取相应的救护方法抢救触电者,同时向附近医院告急求救。

1. 轻微触电的救护法

如果触电者未失去知觉、能回答问话,仅因触电时间较长只感到心慌乏力和四肢发麻,或在触

电过程中曾一度昏迷的轻型触电者,则必须让其保持安静,不要走动,以减轻心脏负担,加快恢复;迅速请医生前来诊治或送往医院,同时应严密注意触电者的症状变化情况。

2. 触电昏迷者的抢救方法

如果触电者已失去知觉或神志不清,但呼吸、心跳正常,应使触电者舒适安静地平卧,解开衣服裤带,不让人围观,使空气流通;给触电者闻风油精等有刺激性的物质,也可用拇指按其人中穴,使触电者尽快清醒;同时可用毛巾蘸酒精或少量水摩擦其全身,使之发热。若天气寒冷,应注意保温,并迅速请医生前来抢救。摩擦时应注意触电者的呼吸情况,防止呼吸停止。如果触电者呼吸困难,不时发生抽筋现象,则应立即做好人工呼吸的准备工作。

3. 触电者呼吸停止但有心跳的抢救方法

对已失去知觉并有呼吸很困难,或呼吸逐渐微弱,或呼吸停止但脉搏心脏仍跳动的触电者,应立即进行人工呼吸,并迅速请医生前来抢救,做好将触电者送往医院的准备工作。

4. 触电者心跳停止但有呼吸的抢救方法

对已失去知觉、没有心跳但仍有呼吸的触电者,应立即进行心脏挤压,并迅速请医生前来抢救,做好将触电者送往医院的准备工作。

5. 触电者呼吸与心跳均停止的抢救方法

触电者呼吸心跳均停止,应立即做人工呼吸和心脏挤压,并迅速请医生前来抢救,做好送往医院的准备工作。

如果现场仅一个人抢救,两种方法应交错进行,挤压 30 次,每吹 2 次,反复进行。在做第二次人工呼吸时,吹气后不必等伤员呼气就可立即按压心脏。

如果双人抢救,一个人进行人工呼吸并判断伤员有否恢复自主呼吸和心跳,另一人进行心脏挤压。一人吹两口气后不必等伤员呼气,另一人立即按压心脏 30 次,反复进行,但吹气时不能按压心脏。

(三)救护的注意事项

(1)在救护过程中,救护人员必须注意观察触电者的症状变化情况,以便于随时用适当的方法救护触电者。

(2)施行人工呼吸或胸外心脏挤压法抢救时,要坚持不断,切不可轻率中止,运送途中也不能中止抢救。

(3)做人工呼吸时,必须不断观察触电者的面孔,如发现触电者的嘴唇稍有开合,或眼皮活动以及喉咙有咽东西的动作,则应注意其是否开始自动呼吸,若触电者能自动呼吸,应停止人工呼吸。

(4)应注意触电者的皮肤和瞳孔的变化,皮肤由紫变红,瞳孔由大变小,说明抢救收到了效果,只有触电者身上出现尸斑,身体僵冷,经医生做出无法救活的诊断后,才能停止抢救(触电死亡的五种征象:无呼吸无心跳、瞳孔放大、尸斑、尸僵、血管硬化)。

(5)对于与触电者的外伤,应分情况酌情处理。对于不危及生命的轻度外伤,可放在触电急救之后处理;对于严重的外伤,应用人工呼吸和胸外心脏挤压同时处理。若伤口出血,应予止血。为防止伤口感染,最好予以包扎。

八、心肺复苏术

(一)口对口(鼻)人工呼吸法

人工呼吸是在触电者呼吸停止后应用的急救方法。人工呼吸的作用是在伤员不能自主呼吸时,人为地帮助其进行被动呼吸,救护人将空气吹入伤员肺内,然后伤员自行呼出,达到气体交换,维持氧气供给。具体作法如下：

1. 人工呼吸前的准备工作

各项准备工作都是为了使气道通畅。

舒适仰卧解衣带，清理口腔不能忘；

头部后仰鼻朝天，气道畅通效果好。

(1)迅速使触电者舒适仰卧，将其身上妨碍呼吸的衣领、裤带解开，使胸、腹部能自由舒张。

(2)迅速取出触电者口腔内妨碍呼吸的食物、脱落的假牙、血块、黏液等，以免堵塞呼吸道。清理口腔时，将触电者头部侧向一面，有利于将异物清出。

(3)使触电者的头部充分后仰，使其鼻孔朝上，以利呼吸道畅顺。救护人一手放在触电者前额上，手掌向后压，另一只手的手指托着下颚向上抬起，使头部充分后仰至鼻孔朝天，防止舌根后坠堵塞气道，如图 3-9 所示。因为在昏迷状态下舌根会向下坠，将气道堵塞，令头部充分后仰可以提起舌根，使气道开放。

2. 人工呼吸的操作步骤

人工呼吸的操作步骤如图 3-10 所示。

图 3-9　使头部充分后仰

图 3-10　人工呼吸

深吸吸，口贴口，捏鼻子，吹 2 s；目观察，量适中，胸扩张，才有效；口离开，松鼻子，放 3 s，再重来。

(1)吹气前，救护人深吸一口气，用拇指和食指捏住触电者的鼻孔，紧贴触电者的口向内吹气（吹气量约 800~1 200 mL），为时约 2 s；吹气时目光注视触电者的胸、腹部，吹气正确胸部会扩张。

(2)吹气完毕，立即离开触电者的口，并松开触电者的鼻孔，让其自行呼气，约 3 s。

如果触电者的牙关紧闭无法张开，可以采用口对鼻孔吹气。对儿童进行人工呼吸时，吹气量要减少。

（二）人工胸外心脏挤压法

胸外心脏挤压法是触电者心脏跳动停止后的急救方法。触电者心跳停止后，血液循环失去动力，用人工的方法可建立血液循环。人工有节律地压迫心脏，按压时使血液流出，放松时心脏舒张，使血液流入心脏，这样可迫使血液在人体内流动。胸外心脏挤压的三个基本要素是：压点正确、向下挤压、迅速放松。具体作法如下：

1. 挤压心脏前的准备工作

硬地仰卧解衣事，清理口腔不能忘；

头部后仰鼻朝天，气道畅通效果好。

背垫硬板头更低，有助血液进脑袋；

正确压点是首要，位置不对更危险。

(1)迅速使触电者平放仰卧（或在背部垫硬板，以保证挤压效果），将其身上妨碍呼吸的衣领、上裤带等解开,使胸、腹部能自由舒张。

(2)迅速取出触电者口腔内妨碍呼吸的食物、脱落的假牙、血块、黏液等,以免堵塞呼吸道。清理口腔时,将触电者头部侧向一面,有利于将异物清出。

(3)使触电者的头部充分后仰,使其鼻孔朝上,使头部低于心脏,以利于血液流向脑部,利于呼吸道畅顺,必要时可稍抬高下肢促进血液回流心脏。

(4)确定正确的按压部位:

人工胸外心脏挤压是按压胸骨下半部,间接压迫心脏使血液循环。按压部位正确才能保证效果,按压部位不当,不但无效甚至有危险,比如,压断肋骨伤及内脏,或将胃内流质压出引起气道堵塞等。所以,在按压前必须准确确定按压部位。了解心脏、胸骨、剑突、肋弓的解剖位置(见图3-11)有助于掌握正确的按压部位(正确压点)。确定按压部位的方法有以下几种:

方法一:沿着肋骨向上摸,遇到剑突放二指,手掌靠在指上方,掌心应在中线上。

先在腹部的左(或右)上方摸到最低的一条肋骨(肋弓),然后沿肋骨摸上去,直到左、右肋弓与胸骨的相接处(在腹部正中上方),找到胸骨剑突,把手掌放在剑突上方并使手掌边离剑突下沿二手指宽(图3-12),掌根压在胸骨的中心线上,偏左偏右都可能会造成肋骨骨折。

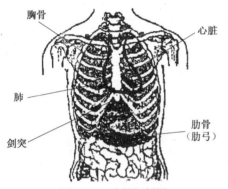

图 3-11　胸部解剖图

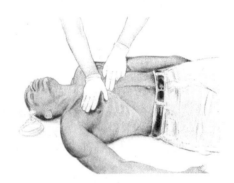

图 3-12　确认按压部位

方法二(两乳连线法):中指与两乳连线重合,掌根压在胸骨的中心线上。

方法三:按压部位在胸骨下方1/3处,掌根压在胸骨的中心线上。

2.胸外心脏挤压的操作步骤

胸外心脏挤压的操作步骤如图3-13所示。

跪在一侧,找到压点,
掌贴压点,双手重叠,
手指互扣,两臂伸直,
身稍前倾,垂直下压,
成人压下,四五厘米,
小孩压下,二三厘米,
用力均匀,压下即松,
每分钟压,整数一百。

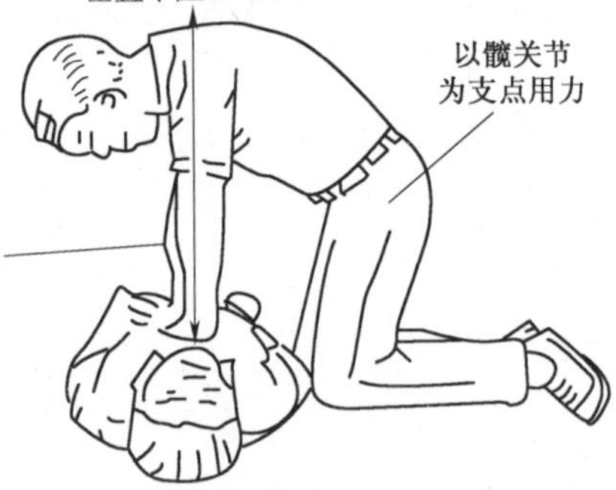

(1)救护人跪在触电者一侧或骑跪在触电者

图 3-13　正确的按压方法 1

腰部两侧(但不要蹲着),两手相叠,下方的手掌根部放在正确的按压部位上,紧贴胸骨,手指稍翘起不要接触胸部,按压时只是手掌根用力下压,手指不得用力,否则会使肋骨骨折,如图3-14所示。

（2）腰稍向前弯，上身略向前倾斜，两臂伸直，使双手与触电者胸部垂直。双手用力垂直迅速向下挤压，压陷3~5 cm，压出心脏里面的血液。下压时以髋关节为支点用力，和力方向是垂直向下压向胸骨，如斜压则会推移触电者。按压时切忌用力过猛，否则会造成骨折伤及内脏。压陷过深有骨折危险，压陷深度不足则效果不好，成年人压陷4~5 cm，体形大的压陷深些。

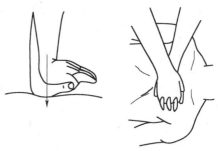

图 3-14　正确的按压方法 2

（3）挤压后掌根迅速全部放松，让触电者胸部自动复原，心脏舒张使血液流入心脏。放时掌根不要离开胸部。

（4）以每分钟挤压100次的频率节奏均匀地反复挤压，挤压与放松的时间相等。

（5）对婴儿和幼儿做心脏挤压时，只用两只手指按压，压下约2 cm；10岁以上儿童用一只手按压，压下3 cm，按压频率都是100次/分。

（三）人工呼吸、心脏挤压抢救注意事项

一旦发现伤员无呼吸无心跳，应立即、就地、正确、持续抢救。越早开始抢救生还的机会越大，脱离电源后立即就地抢救，避免转移伤员而延误抢救时机，正确的方法是取得成效的保证，抢救应坚持不断，在医务人员未接替抢救前，现场抢救人员不得放弃抢救，也不得随意中断抢救。

抢救过程中要注意观察伤员的变化，每隔数分钟检查一次，检查伤员是否恢复自主心跳、呼吸。

（1）如果恢复呼吸，则停止吹气。

（2）如果恢复心跳，则停止按压心脏，否则会使心脏停跳。

（3）如果心跳呼吸都恢复，则可暂停抢救，但仍要密切注意呼吸脉搏的变化，随时有再次骤停的可能。

（4）如果心跳呼吸虽未恢复，但皮肤转红润、瞳孔由大变小（正常状态下瞳孔3~4 cm），说明抢救已收到效果，要继续抢救。

（5）如果出现尸斑、身体僵冷、瞳孔安全放大，经医生确定真正死亡，可停止抢救。

一、防止直接接触触电的措施

防止直接接触触电的措施有：使用安全电压、保持安全间距、安装屏护、绝缘防护、安装漏电保护装置。

（一）安全电压

1. 安全电压定义

根据欧姆定律可知，在电阻一定时，电压越高，流过电阻的电流越大。因此，可以把能加在人身上的电压限制在某一范围之内，使得在这种电压下，通过人体的电流不超过允许的范围，这一电压就为安全电压。但电气安全技术所规范的安全电压具有其特定的含义，即安全电压是为防止触电事故而采用的由特定电源供电的电压系列。安全电压这一定义的内涵如下：

（1）采用安全电压可防止触电事故的发生。

（2）安全电压必须由特定的电源供电。

（3）安全电压有一系列的数值，各适用一定的用电环境。

对于那些人们需要经常接触和操作的移动式或携带式用电器具(如行灯、手电钻等)来说,正确地选用相应额定值的安全电压作为供电电压,是一项防止触电伤亡事故的重要技术措施。

2. 安全电压的限值和额定值

(1)限值:限值是在任何运行情况下,任何两导体间可能出现的最高电压值。我国规定的工频安全电压有效值的限值为 50 V。

(2)额定值:我国的安全电压的定额值的等级分别为:

①42 V:用于特别场所使用的手持电动工具。

②36 V:用于有触电危险环境中的行灯、局部照明。

③24 V:用于有触电危险环境中的行灯、局部照明。

④12 V:用于金属容器内、特别潮湿处等特别危险环境的行灯。

⑤6 V:用于水下作业等场所。

(二)屏护和间距

1. 屏护和间距的作用

屏护和间距也是最常用的电气安全措施。屏护和间距的主要安全作用是防止触电(防止触及或过分接近带电体)、短路及短路火灾,以及便于安全操作。

2. 屏护

屏护是指采用围栏、遮栏、屏障、栅栏、护罩、护盖、箱匣障碍等将带电体同外界隔绝开。屏护装置包括遮栏和障碍,遮栏可防止无意或有意触及带电体,障碍只能防止无意触及带电体。

3. 间距

间距是将可能触及的带电置于可能触及的范围之外。为了安全,带电体与地面之间、带电体与树木之间、带电体与其他设施或设备之间、带电体与带电体之间均需保持足够的安全距离。间距的大小决定于电压高低、设备类型、环境条件和安装方式等因素。

(三)绝缘防护

所谓绝缘防护,是指用绝缘材料把带电体封闭或隔离,借以隔离带电体或不同电位的导体,使电气设备及电路能正常工作,防止人身触电。良好的绝缘是保证电气设备和电气电路正常工作的必要条件,也是防止触电事故最基本的安全措施之一。显然,绝缘防护的前提是电气设备的绝缘必须与其工作的电压等级、环境条件和使用条件相符。

二、防止间接接触触电的措施

防止间接接触触电的措施有:保护接地、保护接零、加强绝缘和电气隔离。

(一)保护接地与保护接零

1. 保护接地

保护性接地是为防止因绝缘损坏而遭受触电的危险,将与电气设备带电部分绝缘的金属外壳或构架同接地体做良好的连接,称为保护性接地。它适用于各种不接地配电网,包括低压不接地配电网(如井下配电网)和高压不接地配电网及其不接地的直流配电网。接地原则:凡是正常时不带电而出现故障时可能带危险电压的金属部位均需接地。

2. 保护接零

将接于 380/220 V 三相四线系统中的电气设备在正常情况下不带电的金属部分与系统中的零线紧密连接起来,称为保护接零。它适用于中性点直接接地的低压系统。

3. 保护方式协调

在 TN(三相四线配电网低压中性点直接接地,电气设备金属外壳采取接零措施)系统中,所有电气设备的金属外壳都必须采用保护接零,不得一部分电气设备采用保护接零,另一部分采用保护接地。这是因为当采用保护接地的设备发生碰壳漏电时,漏电电流通过保护接地电阻和中性点工作接地电阻回路,电流不会太大,电路保护装置不会短时间自动切断,而设备和零线对地电压约为 110 V,都是危险电压,而且所有电气设备外壳都带这危险电压,这是非常危险的。但采用了保护接零的电气设备,其外壳可以同时接地,这种接地可以看成重复接地,对安全有益无害。

4. 重复接地

在 TN 系统中,中性线上除工作接地外,其他点的再次接地称为重复接地。重复接地非常必要,一般情况下,零线进入大型建筑物时应进行重复接地,重复接地的作用体现如下几方面:

(1)三相负荷不平衡时,消除零线断线造成电气设备烧坏的不良后果,降低触电危险。

(2)进一步降低零线断线时漏电设备的对地电压,减少触电危险。

(3)缩短漏电故障持续时间。

(4)改善架空电路的防雷性能。

(二) 加强绝缘及电气隔离

1. 加强绝缘

加强绝缘包括双重绝缘、加强绝缘,以及另加总体绝缘等三种形式。具有双重绝缘或加强绝缘的设备属 II 级设备。凡属加强绝缘的设备,不需再另行接地或接零。

(1)双重绝缘:指工作绝缘和保护绝缘,绝缘电阻 ≥7 MΩ。

①工作绝缘是设备正常工作和防止触电的绝缘,绝缘电阻 ≥2 MΩ。

②保护绝缘是工作绝缘损坏后用于防止触电的绝缘,绝缘电阻 ≥2 MΩ。

(2)加强绝缘:单一的加强绝缘应具有同上述双重绝缘同等的绝缘水平。绝缘电阻 ≥7 MΩ。

(3)另加总体绝缘:指若干设备在其本身工作绝缘的基础上另外装设的一套防止电击的附加绝缘物。具有总体绝缘的成套电气设备的工作绝缘损坏时,另加总体绝缘可起防止触电的作用。

2. 电气隔离

(1)电气隔离的定义:采用电压比为 1:1(即一、二次边电压相等)的双卷(隔离)变压器实现工作回路与其他电气回路在电气上的隔离,称为电气隔离。

(2)隔离变压器的安全要求:

①变压器原、副边间必须有加强绝缘。

②副边保持独立:隔离回路不得接大地、不得接保护导体、不得接其他电气回路。

③副边电路要求:必须限制电源电压和副边电路的长度,电源电压 $U \leqslant 500$ V,电路长度 $L \leqslant 200$ m(或电压与长度的乘积 $UL \leqslant 1\,000$ V·m)。

④等电位连接:将隔离回路中不带电的设备外壳和导电导体,用导线连接起来,让它们的电位相同,以防止邻近设备外壳或导电体发生不同相线的碰壳故障时,工作人员同时触及这两台设备外壳而引发触电事故。

三、安全标志的认识

在有触电危险的处所或容易产生误判断、误操作的地方,以及存在不安全因素的现场,设置醒目的文字或图形标志,提示人们识别、警惕危险因素,对防止人们偶然触及或过分接近带电体而触电具有重要作用。

(一) 对标志的要求

(1)文字简明扼要,图形清晰、色彩醒目。例如,用白底红边黑字制作的"止步,高压危险!"的标示牌,白色背景衬托下的红边和黑字,可以收到清晰醒目的效果,也使得标示牌的警告作用更加强烈。

(2)标准统一或符合习惯,以便于管理。例如,我国采用的颜色标志的含义基本上与国际安全标准相同,如表3-2所示。

表3-2　安全色标的意义

色标	含　义	举　例
红色	禁止、停止、消防	停止按钮、灭火器、仪表运行极限
黄色	注意、警告	"当心触电""注意安全"
绿色	安全、通过、允许、工作	如"在此工作""已接地"
黑色	警告	多用于文字、图形、符号
蓝色	强制执行	必须带安全帽

(二)常用标志

裸母线及电缆芯线的相序或极性标志如表3-3所示。表中列出了新旧两种颜色标志,在工程施工和产品制造中应逐步向新标准 GB/T 6995—2008 及(GB/T 3787—2006)等过渡。

表3-3　裸母线及电缆芯线的相序或相性标志

色标	交流电路				直流电路		接地线
	L$_1$	L$_2$	L$_3$	N	正极	负极	
新色标	黄	绿	红	淡蓝	棕	蓝	黄/绿双色线
旧色标	黄	绿	红	黑	红	蓝	黑

按国际标准和我国标准,在任何情况下,黄绿双色线只能用作保护接地线或保护接零线。但在日本及西欧一些国家采用单一绿色作为保护接地(零)线,我国出口转内销时也是如此。使用这类新产品时,必须注意,仔细查阅使用说明书,以免拉错线造成触电。

(三)标示牌

安全牌是由干燥的木材或绝缘材料制作而成的小牌子。其内容包括文字、图形和安全色,悬挂于规定的处所,起着重要的安全标志作用。安全牌按其用途分为允许、警告、禁止和提示等类型。

电工专用的安全牌通常作为标示牌,其作用是警告工作人员或非工作人员不得过分接近带电部分,指明工作人员准确的工作地点,提醒工作人员应当注意的问题,以及禁止向某段电路送电等。

标示牌的种类很多,如"止步,高压危险!""在此工作"、"有人工作,禁止合闸"等。常用标示牌的规格及悬挂位置如表3-4所示。

表3-4　常用标示牌的规格及悬挂位置

类型	名　称	悬　挂　位　置	式样和要求		
			尺寸/mm	底色	字色
禁止类	禁止合闸 有人工作!	一经合闸即可送电到施工设备的开关和刀闸操作手柄上	200×200 80×50	白底	红字
	禁止合闸 线路有人工作!	一经合闸即可送电到施工电路的电路开关和刀闸操作手柄上	200×200 80×50	红底	白字
	禁止攀登 高压危险!	邻近工作地点可上下的铁架上	250×200	白底红边	黑字

类型	名称	悬挂位置	式样和要求		
			尺寸/mm	底色	字色
警告类	止步 高压危险！	工作地点邻近带电设备的遮栏上；室外工作地点邻近带电设备的构架上；禁止通行的过道上；高压试验地点	250×200	白底红边	黑字，有红箭头
提示类	从此上下	工作人员上下的铁架梯子上	250×250	绿底，中有直径210 mm的白圆圈	黑字，写于白圆圈中
允许类	在此工作	室外或室内工作地点或施工设备上	250×250	绿底，中有直径210 mm的白圆圈	黑字，写于白圆圈中
	已接地	看不到的接地线的设备上	200×100	绿底	黑字

技能训练

技能训练　口对口人工呼吸、胸外心脏挤压的心肺复苏术抢救方法

1. 训练目的

掌握口对口人工呼吸抢救方法和胸外心脏挤压抢救方法。

2. 训练器材

高级心肺复苏模拟人1个。

3. 训练步骤

(1)触电者无呼吸但心跳正常的抢救(口对口人工呼吸)方法：

①将触电者抬到干燥、通风、平坦而且硬的地方，让触电者平卧。

②解开触电者的紧身衣服、裤带，清理触电者口腔内的食物、脱落的假牙、血块、黏液等，双手配合抬触电者的头，使触电者的鼻孔朝天。

③救护人跪在触电者头部一侧，深吸一口气，用拇指和食指捏住触电者的鼻孔，同时口紧贴触电者的口向内吹气(吹气量约800~1 200 mL)，为时约2 s。

④吹气完毕，应立即离开触电者的口，并松开触电者的鼻孔，让触电者自行呼气。

⑤救护人离开触电者的口自作深呼吸，让触电者自行呼气约3 s，再对触电者进行吹气，也是吹2 s。

⑥重复第④、⑤步，数分钟后检查触电者能否自行呼吸。如果能自行呼吸，应停止人工呼吸；如果不能，则继续进行人工呼吸。

⑦重复第④~⑥步，直到触电者能自行呼吸或经医生证明触电者已经死亡，方可停止抢救。

(2)触电者无心跳但呼吸正常的抢救(胸外心脏挤压法)方法：

①将触电者抬到干燥、通风、平坦而且硬的地方，让触电者平卧。

②解开触电者的紧身衣服、裤带,清理触电者口腔内的食物、脱落的假牙、血块、黏液等,双手配合抬触电者的头,使触电者的鼻孔朝天。

③跪在触电者一侧,找出正确按压部位,两手相叠,手指稍翘起,下方的手掌根部放在正确的按压部位上,紧贴胸部。

④腰稍向前弯,上身略向前倾斜,两臂伸直,使双手与触电者胸部垂直。双手用力垂直迅速向下挤压,压陷4~5 cm,压出心脏里面的血液。

⑤挤压后掌根迅速全部放松,让触电者胸部自动复原,心脏舒张使血液流入心脏。放时掌根不要离开胸部。

⑥以每分钟挤压100次的频率节奏均匀地反复挤压,挤压与放松的时间相等。

⑦每压数分钟,检查触电者能否自行心跳。如果能自行心跳,应停止心脏挤压;如果不能,则继续进行挤压,直到触电者能自行呼吸或经医生证明触电者已经死亡,方可停止抢救。

(3)一个人对无心跳、无呼吸触电者进行抢救的方法:

①将触电者抬到干燥、通风、平坦而且硬的地方,让触电者平卧。

②解开触电者的紧身衣服、裤带,清理触电者口腔内的食物、脱落的假牙、血块、黏液等,双手配合抬触电者的头,使触电者的鼻孔朝天。

③救护人跪在触电者胸部一侧,对触电者进行30次胸外心脏挤压。

④迅速移到触电者头部,对触电者进行人工呼吸2次。

⑤压30次,吹气2次,以两分钟5个来回的频率节奏反复进行第三、第四步骤,直到触电者能自行呼吸或者经医生证明触电者已经死亡,方可停止抢救。

(4)两个人对无心跳、无呼吸触电者进行抢救的方法:

①将触电者抬到干燥、通风、平坦而且硬的地方,让触电者平卧。

②解开触电者的紧身衣服、裤带,清理触电者口腔内的食物、脱落的假牙、血块、黏液等,双手配合抬触电者的头,使触电者的鼻孔朝天。

③救护人跪在触电者胸部一侧,对触电者进行30次胸外心脏挤压。

④另一个救护人员跪在触电者胸部一侧,在同伴挤压完30次时,立即对触电者进行人工呼吸2次。

⑤压30次,吹气2次,以两分钟5个来回的频率节奏反复进行第三、第四步骤,直到触电者能自行呼吸或经医生证明触电者已经死亡,方可停止抢救。

4. 训练注意事项

(1)做人工呼吸时,必须迅速清理触电者口腔内的杂物,使触电者的头部充分后仰,鼻孔朝上,以利呼吸道畅顺;前几次吹气期间应注意观察触电者胸部有无起伏,确定吹气效果;吹气、触电者自行呼气的时间必须正确;吹时必须捏鼻孔,但触电者自行呼气时必须放开。

(2)做心脏挤压时,按压部位必须正确,否则抢救无效果,甚至会伤害触电者;手指不能与触电者胸部接触,挤压动作必须迅速,压迅速,放也要迅速,但掌根不能离开触电者胸部;按压频率应为100次/分。

(3)两个人同时抢救无呼吸、无心跳触电者时要注意,吹气的时候不能压,压的时候不要吹气。

1. 根据现场的情况,可以采取哪些方法使低压触电者脱离电源?

2. 如何使高压触电者脱离电源?

3. 在使触电者脱离电源的过程中,抢救人员应注意什么?

4. 使触电者脱离电源后,抢救人员的第一步救护任务是什么?

5. 如何诊断触电者无呼吸无心跳?

6. 对于轻微触电者,抢救人员应如何护理?

7. 对于昏迷不醒的触电者,抢救人员应如何救护?

8. 对于无呼吸有心跳的触电者,抢救人员应如何救护?

9. 对于有呼吸无心跳的触电者,抢救人员应如何救护?

10. 对于无呼吸无心跳的触电者,抢救人员应如何救护?

11. 在救护触电者时应注意什么?

12. 对触电者进行心肺复苏抢救时应注意什么?

项目四 导线连接与绝缘恢复

 项目导入

　　火力发电厂或水力发电站发出的电能,需输送到各用电用户,输送电能的纽带就是导线。发电设备、开关设备、变压器、保护设备、用电设备通过导线连成电网,导线的作用是将电能输送到用电设备,促使用电设备工作。在此过程中,避免不了导线与导线之间的连接,导线与用电设备接线桩的连接。通过本项目的学习,了解导线的性能,掌握导线连接的方法步骤,掌握导线接头绝缘的恢复,为以后学习各种电路的安装打下良好基础。

学习目标

　　(1)了解导线的基本常识。
　　(2)熟知常用绝缘导线的线径及截流量。
　　(3)熟知导线连接的四个基本要求。
　　(4)熟知架空导线连接的三个规定。
　　(5)熟练掌握导线连接工艺和接头绝缘恢复的方法步骤。

项目情境

　　本项目的教学建议:用PPT模拟演示导线连接方法步骤,边演示、边示范、边练习。

 相关知识

一、导线常用导电材料及其应用

　　导电材料的用途是输送和传递电流。导电材料一般分良导电材料和高电阻材料两类。
　　常用的良导电材料有铜、铝、钢、钨、锡等,它们的电阻率如表4-1所示。其中,铜、铝、钢主要用于制作各种导线或母线;钨的熔点较高,主要用于制作灯丝;锡的熔点低,主要用作导线的接头焊料和熔丝(熔丝)。

表4-1　常用良导电材料的电阻率

材 料 名 称	电阻率/($\Omega \cdot mm^2/m$)	材 料 名 称	电阻率/($\Omega \cdot mm^2/m$)
银	0.0165	黄铜	0.07~0.08
铜	0.0172	青铜	0.021~0.4
铝	0.0262	锰铜	0.42
铁	0.13~0.3		

常用的高电阻材料有康铜、锰铜、镍铬和铁铬铝等,主要用作电阻器和热工仪表的电阻元件。

(一) 铜

(1)铜的优点:电阻率小(0.017 2 Ω·mm²/m),抗拉强度高(39 kg/mm²),抗腐蚀能力强,是比较理想的导线材料。

(2)铜的缺点:密度大(8.9 g/mm³),成本高,在架空电路上很少采用。

(3)应用场所:爆炸危险环境、火灾危险大的环境、有强烈振动的环境、户外非架空电路、天花板(顶栅)内布线等安全要求较高处,要选用铜芯导线;正常室内场所的配电电路,多采用铜芯绝缘导线。

(二) 铝

(1)铝的优点:电阻率为 0.029 Ω·mm²/m,密度小(2.7 kg/mm³),抗一般化学侵蚀性能好,是仅次于铜的导线材料,而且价格便宜。

(2)铝的缺点:不易焊接,易受酸、碱、盐腐蚀以及抗拉强度低(16 kg/mm²)。

(3)应用场所:多用于室外高压架空电路。

(三) 钢

钢线的导电率(电阻率为 0.103 Ω·mm²/m)是几种材料中最低的一种,但它的机械强度(120 kg/mm²)却是最高的,而且价格最便宜,因此小容量电路(如自动闭塞电路及农村电网)或跨越河川、山谷等需要较大拉力的地方常常采用钢线。此外,避雷线由于正常时不通电流,因此多采用钢导线。由于钢在空气中易生锈,故应镀锌防锈。

(四) 铝合金

铝合金克服了铝线的主要缺点,其电阻率(0.033 9 Ω·mm²/m)与铝相近,而抗拉强度(30 kg/mm²)则与铜相近,抗化学腐蚀能力也较强,密度小(2.7 g/mm³),但成本较铝线贵。

二、导线常用绝缘材料及其应用

导线常用的绝缘材料有:橡皮绝缘和聚氯乙烯塑料绝缘。

(一) 橡皮绝缘

橡皮绝缘用字母 X 表示,橡皮绝缘导线主要供室内敷设用,适用于交流电压 500 V 以下的电气设备和照明装置,固定敷设,橡皮绝缘导线的长期允许工作温度应不超过 65 ℃。

(二) 聚氯乙烯塑料绝缘

聚氯乙烯塑料绝缘用字母 V 表示,适用于交流额定电压 450/750 V 及以下的动力装置和室内照明电路的固定敷设,可直接敷设在空心板或墙壁上。塑料绝缘导线的长期允许工作温度,BV-105 型不超过 105 ℃,其他型号不超过 70 ℃。

(三) 导线绝缘要求

低压电气电路的绝缘电阻必须符合要求,运行中的电气电路绝缘电阻一般不得低于 1 000 Ω/V,新安装和大修后的电气电路绝缘电阻不得低于 0.5 MΩ,控制电路的绝缘电阻不得低于 1 MΩ。

(四) 导线绝缘层的剥削

导线进行连接时,必须剥削部分绝缘,剥去绝缘层的长度依接头方法和导线截面不同而不同,导线绝缘层的剥削通常有单层剥法、双层剥法及斜削法三种剥法,如图 4-1 所示。单层剥法适用塑料线,双层剥法适用于双层绝缘的导线。

(1)芯线截面在 4 mm² 及以下的塑料硬线,一般用剥线钳剥削,在剥削中要注意不可切入芯线,

(a) 单层剥法   (b) 双层剥法   (c) 斜剥法

图 4-1　导线绝缘层的剥削

应保持芯线完整无损。

（2）芯线截面在 4 mm² 以上的塑料硬线，可用电工刀剥削。首先将电工刀以 45°斜角的倾斜切入塑料层；然后将刀面以 15°角左右用力向线端推削，注意不可切入芯线；最后将被削绝缘层向后扳翻，再用电工刀齐根切去即可。

（3）塑料软线的绝缘层不可用电工刀剥削，只能用剥线钳或钢丝钳、尖嘴钳、斜口钳来剥削。

（4）塑料护套线绝缘层必须用电工刀来剥削，先用电工刀刀尖对准芯线缝隙间划开护套层，然后向后扳翻护套层并齐根切去；最后用剥线钳或电工刀削各根导线的绝缘层。

三、导线符号意义及型号

（一）导线的材料、形状和尺寸常用符号

铜用字母 T 表示；铝用 L 表示；钢用 G 表示；硬型材料用 Y 表示；软型用 R 表示；绞合用 J 表示；截面用数字表示；单线线径用 ø 表示。

（二）绝缘导线的型号表示方法及含义

例 1：BBLX-500-1×50。

（1）第一个 B：表示布线。

（2）第二个 B：表示玻璃编织，不标示表示棉纱编织，用于橡皮绝缘导线。

（3）L：表示铝芯，不标 L 表示铜芯。

（4）X：表示橡皮绝缘，将 X 改标为 V 表示聚氯乙烯塑料绝缘。

（5）500：表示导线的绝缘电压为 500 V。

（6）1：表示单芯，也可不标。

BBLX-500-1×50 的含义为：布线用玻璃编织橡皮单股铝芯绝缘导线，截面积为 50 mm²，导线绝缘电压为 500 V。

例 2：BVV-500-2.5。

（1）B：表示布线。

（2）V：表示聚氯乙烯塑料绝缘。只有 1 个 V 时表示单层塑料绝缘，有 2 个 V（即 VV）时表示双层塑料绝缘。

BVV-500-2.5 的含义为：布线用双层塑料单股铜芯绝缘导线，截面积为 2.5 mm²，导线绝缘电压为 500 V。

四、导线连接的四个基本要求和三个规定

（一）严格遵守导线连接基本要求的重要性

导线连接的部位是电气电路的薄弱环节，如果连接部位接触不良，则接触电阻增大，必然造成连接部位发热增加，乃至产生危险温度，构成引燃源。如果连接部位松动，则可能放电打火，构成引燃源。为了保证电路的安全运行，在连接导线时，必须遵守导线连接的四个基本要求。如果是架空导线，还必须同时遵守架空导线连接的三个规定。

（二）导线连接的四个基本要求

（1）接触紧密，接头电阻尽可能小，稳定性好，与同长度同截面导线的电阻比值不应大于 1.2

（广州市的规程规定为1）。

（2）接头的机械强度不应小于原导线机械强度的80%（广州市的规程规定为90%）。

（3）接头处应耐腐蚀，避免受外界气体的侵蚀；铜铝导线不能直接连接，应用铜铝过渡。

（4）接头的绝缘强度应与导线的绝缘强度一样。

（三）架空导线的连接应遵守以下三个规定

（1）不同金属、不同截面、不同绞向的导线，严禁在挡距内连接。

（2）在一个挡距内，每根导线不应超过一个接头。

（3）接头位置不应在绝缘子固定处，以免妨碍扎线。

五、导线连接的方法及连接形式

（一）导线连接的方法

导线连接有焊接、压接、缠接等多种连接方法。通常情况下缠接法只适用于铜导线的连接，只有在干燥的室内，无爆炸危险和强烈振动，且要求不太高，小截面铜导线与铝导线才允许直接连接。

（二）导线连接的形式

导线连接有单股导线连接和多股导线连接，也有导线与接线端子的连接。而导线连接又可为分平接、T字接、终端接、软硬线连接等多种形式。

一、导线截面的选择

根据国标 GB 50054—2011 的有关规定，导线截面的选择，主要从以下几方面考虑：

（1）电路电压损失应满足用电设备正常工作及启动时端电压的要求。

（2）按敷设方式及环境条件确定的载流量，不应小于计算电流；常用塑料单股铜芯绝缘导线的线径及 35 ℃时明敷的载流量（长期允许持续通过的电流）表示，如表4-2所示。

表4-2　塑料单股铜芯绝缘导线的线径及 35 ℃时明敷的载流量

截面/mm²	线径/mm	载流量/A	截面/mm²	线径/mm	载流量/A
1	1.13	16	4	2.24	36
1.5	1.37	21	6	2.73	47
2.5	1.76	27	10	7×1.33	64

（3）导体应满足动稳定与热稳定的要求。

（4）导体最小截面应满足机械强度的要求。

选择导线时还必须考虑导线的最高允许工作温度，导线通电的工作制（如长期固定负荷运行、变负荷运行和间断运行等）及环境温度等。

在照明电路中，电线截面的选择主要从电路的最大允许电压损失和导线机械强度两方面考虑。但导线的最小芯线截面，不能小于表4-2所列的规定。

在三相四线制配电系统中，负载布置要求尽量三相对称，中性线中通过的电流仅为三相不平衡电流，数值通常较小，因此，中性线的截面可按不小于相线截面的50%来选择。但中性线（N）的允许载流量不应小于电路中最大不平衡负荷电流，且应计入谐波电流的影响。对于单相电路的中性线，由于其中通过的电流与相线电流相同，因此，其截面应与相应的相线截面相同。

当保护线(PE线)所用材料与相线相同时,PE线芯线的最小截面应符合表4-3的规定。

表4-3　PE线芯线的最小截面

相线芯线截面 S/mm^2	$S \leq 16$	$16 < S \leq 35$	$S > 35$
PE线芯线截面 S/mm^2	S	16	$S/2$

二、导线颜色的选择

在 GB/T 6995—2008 中,对导线颜色的选择也有相应的规定,具体参见项目三中的表3-3。特别注意的是:

(1)黄绿双色线只用来作保护导线(PE线),不能用作其他导线。

(2)淡蓝色线只用于中性线(零线)。也就是说,在电路中包括有用颜色来识别的中性线时,中性线(零线)所用的颜色必须是淡蓝色。

(3)单相三芯电缆或护套的芯线颜色分别为棕色、浅蓝色和黄绿双色,其中:棕色代表相线(L),浅蓝色代表零线(N),黄绿双色线为保护(PE)线。

技能训练一　单股绝缘铜芯线的连接

1. 训练目的

掌握单股绝缘铜芯线的各种连接方法。

2. 训练器材

(1)单股绝缘铜芯线 BVV-1.5 及 0.5 mm 铜芯软导线若干。

(2)绝缘黑胶带 1 卷。

(3)电工常用工具 1 套。

3. 训练步骤

(1)单股铜芯线直接连接(平接):

①剥导线绝缘,长度约为 40+50 d(mm),d 为导线线径,然后两根导线作 X 形相交,如图4-2所示。

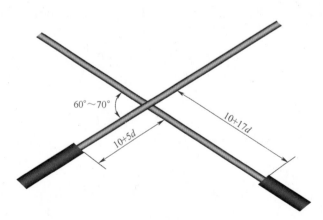

图 4-2　剥导线绝缘并作 X 形相交

②将两根导线互相绞合 2~3 回并扳直。

● 左手拇指和食指压紧左边两股线芯,右手拇指和食指相互贴紧,两指尖成60°左右。

● 右手保持形状,将右手插入导线交叉处,拇指顶下方线芯,食指压上方线芯,如图4-3(a)所示,右手旋转180°。

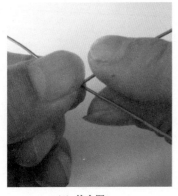 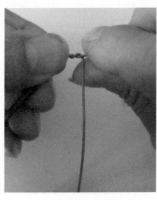 

（a）绞合图1　　　　　　　（b）绞合图2　　　　　　　（c）绞合图3

图4-3　将两根导线互相绞合

● 重复上一步两次,使绞合部分达到绞合3回。

● 将连接导线扳直,使之与绞合部分成一直线,接着也扳两短头,使短头与导线的角度接近90°,如图4-4所示。

图4-4　将连接导线扳直

③取其中一根线端围绕另一根芯线紧密绕5圈,多余线端剪去,钳平切口,如图4-5所示。

图4-5　一根线端绕线与圈

● 当缠绕线芯在下方时,拇指内侧顶缠绕线芯,食指同时贴着被缠导线,如图4-3(b)所示,旋转180°,此时缠绕线芯指向上方;

● 当缠绕线芯在上方,拇指贴着被缠导线,食指同时压着缠绕线芯,[参见图4-3(c)],旋转180°,使缠绕线芯指向下方。此时缠绕一圈。

● 重复前两步骤,直至缠绕5圈为止。

④另一根线端也围绕芯线紧密绕5圈,多余线端剪去,钳平切口,并整理接头,使之平直,如图4-6所示。

图4-6　另一根线端绕线5圈

（2）单股铜芯线 T 字分支连接：

①用电工刀将干线绝缘层削去，长度约 20+10 d（mm），然后用剥线钳将分支线线头绝缘层剥掉，长度约 55+32d（mm），d 为线芯线径。

②支线端和干线十字相交，如图 4-7（a）所示。

③在干线缠绕一圈，再环绕成结状，如图 4-7（b）所示。

④收紧线端向干线并绕 6~8 圈（最少 5 圈）剪平切口，如图 4-7（c）所示。

⑤如果连接导线的截面较大，两芯线十字相交后直接在干线上紧密缠绕 6~8 圈（最少 5 圈）即可，如图 4-7（d）所示。

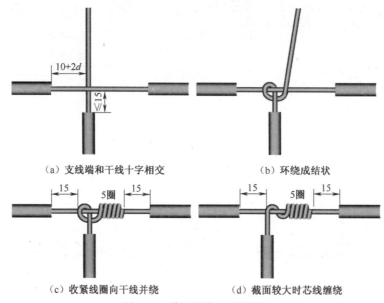

（a）支线端和干线十字相交　　　　（b）环绕成结状

（c）收紧线圈向干线并绕　　　　（d）截面较大时芯线缠绕

图 4-7　单股芯线 T 字连接

（3）单股铜芯线终端连接：

单股铜芯线终端连接的方法如图 4-8 所示。

①用剥线钳将两根导线的绝缘层剥去，长度约 30+20d（mm），d 为线芯线径；然后将两根导线并排贴在一起，两线芯互相交叉，夹角为 70°~80°。

②将两线芯相互绞合 5 圈，操作方法与平接相同。

③线端留下 10 mm，多余的剪掉，将两根线端折回压在绞合线上。

（4）软硬线连接的：

软硬线连接的方法如图 4-9 所示。

绞5回

图 4-8　终端连接

图 4-9　软硬线连接

①用剥线钳剥去硬线和软导线的绝缘层，并将多股软导线线芯拧紧。

②软线芯在硬线芯上缠绕一圈,再环绕成结状。

③软线芯在硬线芯上紧缠 6~8 圈(最少 5 圈)。

④剪硬线芯,预留适当的长度折回压紧软线芯,以防软线脱落,最后将多余的软线剪掉。

(5)打蝴蝶结:

蝴蝶结用于吊灯灯头和软硬线连接处,防止软导线的线芯受力。

①将两股软线拆散,长度约 100 mm,如图 4-10(a)所示;

②将左边股线顺软线绕向绕一圈,如图 4-10(b)所示;

③右边股线绕左边股线一圈,然后从左边股线圈中穿过,如图 4-10(c)所示;

(a)将两股软线拆散　　(b)将左边股线顺软线绕一圈　　(c)右边股线绕左边股线一圈

图 4-10　蝴蝶结

④将两根股线头拉紧即成蝴蝶结。

4. 训练注意事项

(1)剥削绝缘层时不可损伤芯线。

(2)导线接头要紧密可靠,平接接头水平推拉不能有松动,T 字接的分支线不可绕干线转动,否则应用钳收紧。

(3)芯线缠绕要紧密,缠绕圈数不能小于 5 圈,平接接头、T 字接接头与绝缘的距离不应大于是 15 mm,最好在 5~10 mm 之间。

(4)导线平接时,两芯线互绕圈数不应小于 2 圈,也不能超过 3 圈。

(5)绝缘恢复应符合要求,包扎牢固紧密。

技能训练二　多股绝缘铜芯线的连接

1. 训练目的

掌握多股绝缘铜导线连接的各种连接方法。

2. 训练器材

(1)多股绝缘铜导线 BV-16 若干。

(2)黄蜡绸和绝缘黑胶带各 1 卷。

(3)电工常用工具 1 套。

3. 训练步骤

(1)多股绝缘铜导线直接连接:

方法一:适用于室内敷线的多股绝缘铜导线连接。

①将两根导线的绝缘层剥掉[长度约 90d+100(mm),d 为股线直径],然后在 30d+10 处将多股线芯顺次序解开成 20°~30°角伞状并拉直,剪去中心一根,如图 4-11 所示。

②将两根导线相互插嵌至中心线接触为止,把张开的各线合拢,取其中任意两根相邻的股线(一边一根)互相扭一下(转 90°角),如图 4-12 所示。

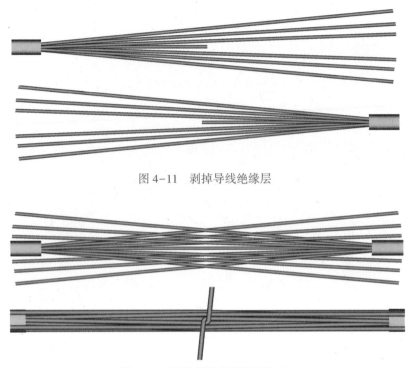

图 4-11　剥掉导线绝缘层

图 4-12　两根相邻的股线扭转 90°

③其中一根股线围绕干线缠绕 5 圈,然后换这根导线的另一股线紧接缠绕 5 圈;依此类推,将这根导线的股线全部缠完为止,余线剪弃,用钳夹平,如图 4-13 所示。

图 4-13　缠绕股线 1

④按步骤③将另一根导线的六股线全部缠绕完毕,如图 4-14 所示。

图 4-14　缠绕股线 2

方法二:适用于室外架空导线的连接,也用于室内导线的连接。

①与方法一的第①步相同。

②与方法一的第②步相同。

③其中一根股线围绕干线缠绕 5 圈,接着将另一根股线挑起 90°;然后将刚才剩余的线端扭 90°贴向干线,并用钢丝钳压平,如图 4-15 所示。

④挑起的股线也围绕干线缠绕 5 圈,接着也将另一根股线挑起 90°;然后,将刚才剩余的线端扭 90°贴向干线,并用钢丝钳压平;依此类推,将这根导线的股线全部缠完为止;最后打辫子,剪去多余线端压平,如图 4-16 所示。

⑤按第③、第④步骤将另一根导线的六股线全部缠绕完毕,如图 4-17 所示。

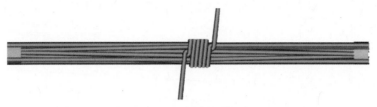

图 4-15　缠绕股线 3

图 4-16　缠绕股线 4

图 4-17　缠绕股线 5

（2）多股绝缘铜导线 T 形分支连接：

方法一：（见图 4-18）

①用电工刀将干线和分支线的绝缘削去一定长度。

②将分支线解开拉直、擦净，剪去中心股线，然后分成两组（每组三股）。

③将分支线叉在干线上，使中心股断口接触干线，两组线以相反方向围绕干线各缠绕 5~6 圈，最后剪断余线，用钳修整线匝即可。

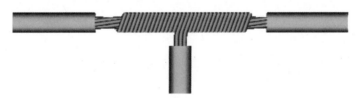

图 4-18　多股绝缘铜导线 T 形分支连接（方法一）

方法二：（见图 4-19）

①用电工刀将干线和分支线的绝缘削去一定长度。

②将分支线端解开拉直擦净，曲折 90°附在干线上。

③在分支线线端中任意取出一股，用钳子在干线上紧密缠绕 5 圈，余线压在干线上或剪弃。

图 4-19　多股绝缘铜导线 T 形分支连接（方法二）

④再换一根股线用同样方法缠绕 5 圈，余线压在干线上或剪弃。

⑤依此类推,直至七股线全部缠绕完毕(或缠绕长度为双根导线直径5倍)为止,最后打辫子,剪去多余线端压平即可。

方法三(另缠法):(见图4-20)

①用电工刀将干线和分支线的绝缘削去一定长度。

②将分支线曲折90°附在干线上,线端稍作弯曲。

③剪1.6 m多股绝缘铜导线(BV-16),用电工刀将绝缘层削去,拆散股线并拉直,然后将股线卷成饼状形作绑线。

④从绑线剪出约140 mm长的铜线,将它放在两根导线并合部位的凹位上。

⑤用钢丝钳将绑线紧密地缠绕在两根导线的合并部位上,缠绕长度为双根导线直径的5倍。

⑥利用被压短绑线对绑扎线两端打辫子,剪去多余绑线压平即可。

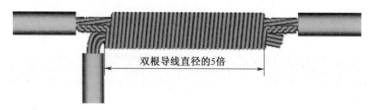

双根导线直径的5倍

图4-20 多股绝缘铜导线T形分支连接(方法三)

4. 训练注意事项

(1)剥削绝缘层应使用电工刀进行,但不可损伤芯线。

(2)剥削绝缘层的长度要适当:T形分支接的干线宁短勿长,短了可以补救;而平接或T型分支接的分支线则不能短,但也不要太长,太长浪费材料,短了不能完成连接任务。

(3)在拆散多股绝缘导线的线股时,角度不能太大,以20°~30°为宜,否则连接时不容易紧密。

(4)每根股线缠绕的圈数不得小于5圈,另缠法的缠绕长度不得小于双根导线直径的5倍。为了缠绕紧密牢固,应使用钢丝钳进行缠绕。

(5)绝缘恢复应符合要求,包扎紧密坚实。

技能训练三 导线与接线桩的连接

1. 训练目的

掌握导线与接线桩连接的各种方法。

2. 训练器材

(1)单股绝缘铜导线、多股绝缘铜导线和软导线各若干;

(2)平压式接线桩、瓦形接线桩、针孔式接线桩若干;

(3)电工常用工具1套。

3. 训练步骤

(1)线头与平压式接线桩的连接:

方法一:

①用剥线钳或电工刀剥削导线绝缘层。

②将导线线芯插入平压式接线桩垫片下方;将线芯顺时针绕进垫片大半圈,用斜口钳剪去多余线芯,如图4-21(a)所示。

③用尖嘴钳收紧端头,拧紧螺钉即可,如图4-21(b)所示。

④对多股芯线(软线)绞紧,顺时针绕螺钉一圈,再在线头根部绕一圈,然后旋紧螺钉,剪去余下芯线,如图4-21(c)所示。

(a)　　　　(b)　　　　(c)　　　　(d)　　　　(e)

图 4-21　导线与平压式接线桩的连接

方法二：

①用剥线钳剥导线绝缘层。

②在离导线绝缘层根部约 3 mm 处向外侧折角,如图 4-21(d)所示。

③尖嘴钳嘴尖夹紧线端,按略大于螺钉直径顺时针弯曲圆弧,剪去余线并修正,如图 4-21(e)所示。

④把线耳套在螺钉上,拧紧螺钉,通过垫圈压紧导线,如图 4-21(b)所示。

(2)导线头与瓦形接线桩的连接

①将单股铜芯线端按略大于瓦形垫圈螺钉直径弯成 U 形,并放在垫圈下面,通过螺钉压紧,如图 4-22(a)所示。

②如果两根线头接在同一瓦形接线桩上时,两根单股线的线端都弯成 U 形,然后放在垫圈下面用螺钉压紧,如图 4-22(b)所示。

③如果瓦形接线桩两侧有挡板,则线芯不用弯形 U 形,只需松开螺栓,线芯直接插入瓦片下面,拧紧螺栓即可。当线芯直径太小,接线桩压不紧时,应将线头折成双股插入,如图 4-22(c)所示。

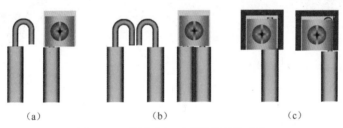

(a)　　　　　　　　(b)　　　　　　　(c)

图 4-22　导线头与瓦形接线桩的连接

(3)线头与针孔式接线桩的连接:

①剥导线绝缘层,线芯长度约为接线桩连接孔的长度。

②当芯线直径与针孔大小合适时,将线芯直插入针孔内用螺钉固紧即可,如图 4-23(a)所示。

③当针孔大,单股线径太小不能压紧时,将线芯折回成双股,然后才插入孔内紧固,如图 4-23(b)所示。

④当针孔大,多股线径太小不能压紧时,应在线芯上紧密缠绕一层股线,然后才插入孔内紧固,如图 4-23(c)所示。

⑤当针孔小,多股线径太大不能放进孔内时,可剪掉两根股线,然后绞紧线芯,插入孔内紧固即可。

4. 训练注意事项

(1)剥削绝缘层时不可损伤芯线。

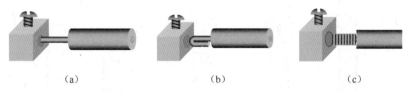

(a)　　　　　　　　(b)　　　　　　　　(c)

图 4-23　导线与针式接线桩的连接

(2)剥削绝缘层的长度要适当:接瓦形桩接线时,线芯的长度应比瓦片的长度长 2~3 mm;针式接线桩接线时,线芯的长度约为针式接线桩的宽度;接线时,导线绝缘层距接线桩的距离不应超过 2 mm。

(3)接线时,螺栓不能拧得太紧,也不能松,力度要适中。太紧会伤芯线,松则会接触不良,引起接头发热,严重者会引起火灾。因此,要检查接头。

技能训练四　接头绝缘的恢复

1. 训练目的

掌握导线接头绝缘恢复工艺。

2. 训练器材

(1)单股绝缘铜导线、多股绝缘铜导线接头若干。

(2)黄蜡绸带、电工胶带及黑胶布若干,如图 4-24 所示。

(3)电工常用工具 1 套。

(a)黄蜡绸　　　　(b)电工胶带　　　　(c)黑胶布

图 4-24　绝缘恢复材料

3. 训练步骤

(1)从导线左端距接头两倍绝缘带宽的位置开始包缠,同时绝缘带与导线应保持一定的倾斜角(约 45°),每圈的包缠要压住前一圈带宽的 1/2,如图 4-25 所示。

两倍带宽

图 4-25　绝缘带包缠方法

(2)开始包缠,直到距右端接头绝缘两倍带宽的位置,并原地缠一圈,如图 4-26 所示。

(3)往反方向包扎第二层,直到起始位置为止,接着在原地缠一圈,最后撕掉多余的绝缘带并压紧,如图 4-27 所示。

图 4-26　绝缘带开始包缠

图 4-27　包缠第二层

4. 训练注意事项

（1）包绝缘带时应用力拉紧,包卷得紧密、坚实,并贴结在一起,以防潮气侵入。

（2）在 380 V 电路上的导线恢复绝缘时,必须先包缠 1~2 层黄蜡带,然后再包缠一层黑胶带。

（3）在 220 V 电路上的导线恢复绝缘时,先包缠一层黄蜡带,然后再包缠一层黑胶带,也可只包缠两层黑胶带。

（4）若在室外时,应在黑胶带上再包一层防水胶带（如塑料胶带等）。

（5）凡是绝缘层破损的导线或者导线连接头都要恢复绝缘。

（6）恢复后的绝缘强度不应低于导线原有绝缘层的绝缘强度。

测试题

1. 试述铜芯导线、铝芯导线的优缺点及其适用场所。

2. 试述严格遵守导线连接基本要求的重要性。

3. 试述导线连接的四个基本要求。

4. 试述架空导的连接应遵守的三个规定。

5. 恢复导线绝缘时要注意什么?

6. 交流电路的相、零和 PE 线颜色有什么要求?

7. 为什么高压架空线多采用裸体铝导线?

8. 室内常用铜导线的规格有哪几种? 它们的线径及安全截流最是多少?

9. 低压电气电路的最小绝缘电阻是多少?

项目 **五**　管道配线安装双控白炽灯电路

项目导入

电的重要性不言而喻,有电就有光明,而白炽灯就是将电能转化为光能的常用灯具之一。电能需要电路输送,白炽灯电路是最基本的照明电路之一。而管道配线方式是室内照明电路最常用的配线方法之一。通过本项目的学习,了解白炽灯电路故障原因和照明电路故障原因,掌握故障检修方法,掌握管道配线安装工艺,提高操作技能。

学习目标

(1)了解管道配线的敷设方式,熟知管道配线的有关规定。掌握线管加工、连接的方法。

(2)了解基双控电路工作原理,熟知开关、导线、白炽灯的图形符号,初步了解照明电气平面图。

(3)熟知管道配线的安装步骤,掌握管道配线的安装工艺。

(4)了解白炽灯电路和照明电路故障的原因,掌握故障检修方法。

项目情境

本项目的教学建议:塑料管的弯管,边讲边演示。管道配线安装双控白炽灯电路的方法步骤,用 PPT 模拟演示。

相关知识

一、管道布线的有关规程

(一)适用场所

(1)镀锌水管、煤气钢管,适用于潮湿和有腐蚀气体场所的明敷或埋地,以及易燃易爆场所的明敷,其管壁厚度不应小于 2.5 mm。

(2)电线金属管,适用于干燥场所的明敷或暗敷,管壁厚度不应小于 1.5 mm。

(3)硬塑料管耐腐蚀性较好,但机械强度不如金属管,它适用于有酸碱腐蚀及潮湿场所的明敷或暗敷。

(二)导线选择

管子布线的导线,可采用塑料线或穿管专用的胶麻线等 500 V 绝缘的导线,其截面积铜线不得小于 1 mm²,地线不得小于 1.5 mm²,铝线不得小于 2.5 mm²。

(三)线管管径的要求

选择线管管径应遵循"穿管的导线总截面(包括外皮)不应超过管内截面的 40%"的原则进

行。为保证管路穿线方便,在下列情况下应装设拉线盒,否则应选用大一级的管径。

(1)管子全长超过 30 m 且无弯曲或有一个弯曲时。

(2)管子全长超过 20 m 且有两个弯曲时。

(3) 管子全长超过 12 m 且有三个弯曲时。

(四)布线要求

(1)明敷时要求横平竖直,整齐美观。

(2)明敷管路的弯曲半径,不得小于管子直径的 6 倍,暗敷管路以及穿管铅皮线的明敷管路,其弯曲半径不得小于管子直径的 10 倍。

(3)管子布线的所有导线接头,应装设接线盒连接。

(4)管内不允许有导线接头;不同电压或不同回路的导线,不应穿于同一管内,但下列情况除外:

①同一设备或同一流水作业设备的动力和没有防干扰要求的控制回路。

②照明花灯的所有回路。

③同类照明的几个回路,但管内导线总数不应多于 8 根。

④供电电压为 65 V 及以下的回路。

(5)用金属管保护的交流电路,应将同一回路的各相导线穿在同一管内。

(6)硬塑料管布线时,管路中的接线盒、拉线盒、开关盒等,宜采用塑料盒;金属管布线时,则采用铁盒。

(五)线管垂直敷设时的要求

敷设于垂直线管中的导线,每超过下列长度时,应在管口处或接线盒中加以固定:

(1) 导线截面为 50 mm² 及以下,长为 30 m 时。

(2) 导线截面为 70~95 mm²,长为 20 m 时。

(3) 导线截面为 120~240 mm²,长为 18 m 时。

(六)线管的固定距离

(1)明敷的金属管路,其固定点的距离,应不大于表 5-1 中的规定。

(2) 明敷的硬塑料管路,其固定点间的距离,应不大于表 5-2 中的规定。

表 5-1　明敷金属管路固定点间的最大距离

管　　径/mm		13~20	25~32	40~50	70~100
管 壁 厚/mm	3	1 500	2 000	2 500	3 500
	1.5	1 000	1 500	2 000	—

表 5-2　明敷塑料管路固定点间的最大距离

管　　径/mm	20 及以下	25~40	50 及以上
最大距离/mm	1 000	1 500	2 000

(3)线管在进入开关、灯头、插座、拉线盒和接线盒孔前 300 mm 处和线管弯头两边均需要固定。

二、照明开关、灯具安装的有关规定

(一)照明开关的安装规定

(1)拉线开关的安装高度宜为 2~3 m,且拉线出口应垂直向下;墙边开关的安装高度宜为

1.3 m(广州市规程为 1.3~1.5 m)。拉线开关、墙边(板把)开关距门框宜为 0.15~0.2 m。

(2)照明分路总开关距离地面的高度为 1.8~2 m。

(3)并列安装的相同型号的开关距地面的高度应一致,高度差不应大于 1 mm,同一室内的开关高度差不应大于 5 mm,并列安装的拉线开关的相邻距离不宜小于 20 mm。

(4)暗装的开关及插座应有专用的安装盒,安装盒应有完整的盖板。

(5)在易燃、易爆和特殊场所,开关应具有防爆、密闭功能及采用其他相应的安全措施。

(6)接线时,所有开关均应控制电路的相线。

(7)当电器的容量在 0.5 kW 以下的电感性负荷(如电动机)或 2 kW 以下的阻性负荷(如白炽灯、电炉等)时,允许采用插销代替开关。

(二)照明灯具的安装要求

(1)灯具的安装高度:

①在正常干燥场所,室内一般的照明灯具距离地面的高度不应少于 2 m(广州市规程规定不得低于 1.8 m),如吊灯灯具位于桌面上方等人碰不到的地方,允许高度不少于 1.5 m。

②在危险和较潮湿场所的室内照明灯具距地面不得低于 2.5 m。

③屋外灯具距离地面的高度一般不应少于 3 m,如装在墙上,允许降低为 2.5 m。

④上述场所的灯具,安装高度若不符合要求,又无其他安全措施,应采用 36 V 及以下的安全电压。

(2)螺口灯头的安装,在灯泡装上后,其金属螺纹不能外露,且应接在零线上。

(3)灯具不带电金属件、金属吊管和吊链应采取接零(或接地)的措施。

(4)1 kg 以下的灯具可采用软导线自身吊装,吊线盒及灯头两端均应拓蝴蝶结,防止线芯受力,也防止拉脱;1~3 kg 的灯具应采用吊链或吊管安装,3 kg 以上的灯具应采用吊管安装。

(5)在每一照明支路上,配线容量不得大于 2 kW。

三、白炽灯

(一)白炽灯的结构

白炽灯又称为钨丝灯泡,主要由耐热的球形玻璃壳、钨丝和灯头三部分组成,钨丝线通过电流时,就被燃至白炽而发光。其最大发光效率在 19 lm/W 左右、平均寿命 1 000 h。

(二)白炽灯的种类

(1)按灯泡内充入的气体分为:真空泡和充气泡两种。

①功率为 25 W 以下的白炽灯,一般为真空泡。

②功率为 40 W 以上的白炽灯,一般为充气泡。灯泡充气(充有氩氯或氮气等惰性气体)后,除了使钨丝的蒸发和氧化作用减缓以外,还能提高灯泡的发光效率和使用寿命。

(2)按灯头的构造形式分:有插口式白炽灯和螺口式白炽灯两种,功率超过 300 W 的灯泡一般采用螺口式灯头。

(三)白炽灯的优缺点

(1)优点:结构简单、使用方便、价格便宜,而且显色指数高(大于 95),功率因数高,便于光学控制,能做成可调光源(如调光台灯)等。

(2)缺点:发光效率低,寿命短,灯泡表面温度高。

(四)适用场所

适用照度要求较低,开关次数频繁的室内外场所,可用于机关学校、家庭和一般的工矿企业作普通照明。适当地选择灯泡的耐压、功率,配用合适的电源,白炽灯可用作安全行灯,信号指示和装饰光源等用途。

(五)规格

白炽灯泡按工作电压分有 6 V、12 V、24 V、36 V、110 V 和 220 V 等多种规格。在安装灯泡时,应注意使灯泡的工作电压与电路电压保持一致。不同功率等级的白炽灯的规格如表5-3所示。

表5-3　不同功率等级的白炽灯的规格

灯泡型号	灯头型号	功率/W	电压/V	光通量/lm	直径/mm	全长/mm
PZ220-15	E27/B22	15	220	110	61	110
PZ220-25	E27/B22	25	220	220	61	110
PZ220-40	E27/B22	40	220	350	61	110
PZ220-60	E27/B22	60	220	630	61	110
PZ220-100	E27/B22	100	220	1250	61	110
PZ220-150	E27/B22	150	220	2090	81	166
PZ220-200	E27/B22	200	220	2920	81	166
PZ220-300	E40	300	220	4610	111	240
PZ220-500	E40	500	220	8300	111	240
JZ36-40	E27	40	36	445	61	110
JZ36-60	E27	60	36	770	61	110
JZ36-100	E27	100	36	1420	61	110

四、管道布线的两种敷设方式

(一)明管配线(明敷)

管道安装在明处,即将线管直接敷设在墙上或其他明露处。要求做到横平竖直,整齐美观。

(1)适用场所:适用于工业厂房,在易燃易爆等危险场所必须用明管配线。明管配线有沿墙和管卡槽敷设。

(2)敷设方式:明配线管有沿墙、吊装和管卡槽敷设三种敷设方式。

①沿墙敷设:一般采用管码(卡)将线管直接固定在墙壁或墙支架上,其基本方法如图5-1所示。

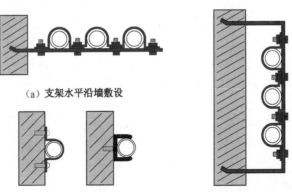

(a)支架水平沿墙敷设

(b)管卡沿墙敷设　　　　(c)支架垂直沿墙敷设

图5-1　沿墙敷设

②吊装敷设:多根管子或管径较粗的线管在楼板下敷设时,可采用吊装敷设,如图5-2所示。

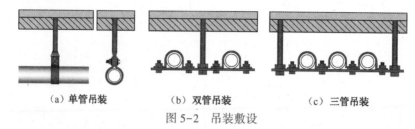

（a）单管吊装　　　（b）双管吊装　　　（c）三管吊装

图5-2　吊装敷设

③管卡槽敷设:将管卡板固定在管卡槽上,然后将线管安装在管卡板上,即为管卡槽敷设,它适用于多根线管的敷设。

（二）暗管配线（暗敷）

将线管埋设在墙、楼板或地坪内及其他看不见的地方（如天花板）,多用于宾馆饭店、文教设施等场所。

五、线管加工

（一）线管的清扫

清扫污垢杂物,对金属管还应除锈刷漆。

（二）锯管下料

长度确定、下料。

（三）弯管

为了便于穿线,应尽可能减少弯头,管子弯曲处也不应出现凹凸和裂缝现象。管道的弯曲半径要符合规定。金属管的焊缝应放在弯曲的侧面。弯曲管壁薄、直径大的管子时,管内要灌满砂,两端堵上木塞,以防管子弯瘪。

（1）弯制金属管:金属管常用弯管器、滑轮弯管器、电动顶弯机或气焊加热弯制。

①弯管器弯制:如图5-3所示,弯管器适用于直径在50 mm以下的线管。弯管时,要逐渐移动弯管器棒,且一次弯曲的弧度不可过大,否则要弯裂或弯瘪线管。

图5-3　弯管器弯管

②滑轮弯管器弯制:如图5-4所示,当管子弯制的外观、形状要求较高,特别是弯制大量相同曲率半径的线管时,使用滑轮弯管器较适宜。

③气焊加热弯制:当管壁较厚或管径较粗时,可用气焊加热后进行弯制（管内填砂）,但应注意火候,以免加热不足弯曲困难或加热过度和加热不均造成弯瘪。此外,对预埋好的管子,可用气焊加热进行位置校正和扭曲整形。

④电动弯管机弯制:如图5-5所示,当管径超100 mm或需大量弯制及线管的弯度要求较高时,可采用专用的电动（液压）顶弯机弯制。

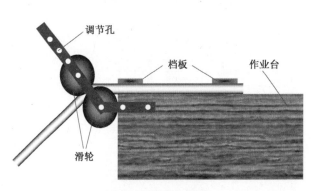

图 5-4　滑轮弯管器

图 5-5　电动弯管机

（2）弯制塑料管：热塑性塑料管一般采用热弯法，可挠性塑料管则用冷弯法。

①直接加热煨弯：管径 20 mm 及以下时可采用此方法。煨弯时先将管子放入烘箱内或放在电炉、喷灯上加热（加热时应均匀转动线管，不得将管烤伤、变色，以及有明显的凹凸等现象）到适当温度后，立即将管子放在平板或弯模上煨弯，为加速硬化，可浇水冷却。

②填砂煨弯：管径 25 mm 及以上时应采用此法。煨弯前先用木塞将管子一端的管口封好，然后把干砂灌入管内碓实，将另一端管口堵好，最后将管子加热到适当温度后放在模具上弯制成型。

③冷弯法：热塑性硬塑料管不能用此法弯曲，而阻燃塑管属可挠性塑料管，可用冷弯法弯曲。弯制前先将带有拉线的弯管弹簧放进管内弯曲处，然后将管子放在模具上弯制成型，最后将弯管弹簧拉出即可。

（四）套丝

为了使金属管与金属管之间或金属管与铁接线盒之间连接起来，需要在管子端部套丝。钢管套丝时，可采用管子套丝绞板。套丝时，应把线管钳夹在管钳或台虎钳上，然后用套丝绞板来绞出螺纹。操作时，用力要均匀，并加润滑油，以保护丝扣光滑，螺纹长度等于管箍长度的 1/2 加（1~2）牙。第一次套完后，松开板牙，再调整其距离使其比第一次小一点，再套一次，当第二次快套完时，稍微松开板牙，边转边松，使其成为锥形丝扣，套完丝后，应用管箍试施。

六、线管的连接

（一）金属配管的连接

（1）管间连接：无论是明敷或暗敷，最好采用管箍连接，尤其是埋地和防爆线管，为保证管接口的严密性，管子的丝扣部分，应顺螺纹方向缠上麻丝，并在麻丝上涂一层白漆，再用管子钳拧紧，并使两管间吻合，如图 5-6（a）所示。

（2）管盒连接：钢管的端部与各种接线盒、拉线盒连接时，应采用在接（拉）线盒内外各一个薄形螺母（又称纳子或锁紧螺母）夹紧线管的方法，如图 5-6（b）所示。如果需要密封，则在两螺母之间各垫入封口垫圈。

（3）接地连接：因为螺纹连接会降低导电性能，保证不了接地的可靠性，因此为了安全用电，规程规定"管子所有连接点（包括接线盒、拉线盒、灯头盒、开关盒等）均应加跨接导线与管路焊接牢固，使管路成一电气整体，其两端的电阻不应大于 1 Ω。跨接导线的截面不得小于表 5-4 中规定，并不允许采用铅导线作跨接线，管的两端应接地。

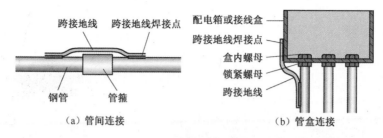

图 5-6　金属配管的连接

表 5-4　金属管布线接头跨接导线的最小截面

跨 接 导 线		铜 线/mm²	镀锌铁线/mm²
敷 设 方 式	明 敷	2.5	4.0
	暗 敷	4.0	6.0

(二) 塑管连接

(1) 加热直接插接法(也称一步插入法):适用于管径为 50 mm 及以下的硬塑料管连接。

①管口倒角:将外管口倒内角,内管口倒外角。

②管口清扫:将内外管插接段的污垢擦净。

③加热:用喷灯、电炉或炭火炉将外管插接段(长度为管径的 1.2~1.5 倍)加热。

④插接:插接段软后,将内管插入段涂上胶合剂(如聚乙烯胶合剂)并迅速插入外管,待内外管端口一致时,应立即用湿布或浇水冷却,使管子恢复硬度。

(2) 模具胀管插接法(也称二步插入法):适用于管径为 65 mm 及以上的硬塑料管连接:

①管口倒角、清扫和加热外管插接段。

②扩口:当外管插接段加热软化后,立即将已加热的金属成型模具插入外管插接段进行扩口,扩完口用水冷却,取下模具。

③插接:扩口后在内外插接面上涂胶合剂,将内管插入外管,然后再加热插接段,待软化后立即浇水,使其急速冷却收缩变硬。也可将插接段改用焊接,将内管插入外管后,用聚乙烯焊条在接合处密焊 2~3 圈。

(3) 套管连接法:适用于各种管径的硬塑管连接。

①截取连接套管:在同管径管上截取长度为管径的 2.5~3 倍作为连接套管(管径为 50 mm 及以下时取 2.5,50 mm 以上时取 3)。

②管口倒角、清扫和加热套管。

③套管插接:待套管加热软化后,立即将被连接的两根硬塑料管(已涂胶合剂)插入套管中,使连接管对口处于套管中心,并浇水冷却使其恢复强度。也可用塑料焊接方法在套管两端密焊。

(4)插接法:适用于正常干燥场所塑管明敷,做法是将两管直接插入配套连接件(直通)内即可。

(5)黏接法:适用于 PVC 阻燃塑管在潮湿场所明敷或暗敷,做法是两管连接端部位和配套连接件(直通)内部涂上黏合剂(如聚乙烯黏合剂),然后将两管直接插入配套连接件(直通)内,待黏合剂固化即可。

一、电路故障的原因与检修方法

线路的故障原因与检修方法,如表5-5所示。照明电路的常见故障主要有断路、短路和漏电三种。

表5-5　电路的故障原因与检修方法

故障现象	故障原因	检修方法
电路无电	电路断线	检查重接
	烧总保险	更换熔丝
电路电压过低	电路负载超负荷	减少负荷
	电路电线压降大	加粗电源线
电路电压过高	电路接入电源时误接入380 V电压	检查改接
	用电低谷位(下半夜)	不用检修

(一)断路

1. 产生断路的原因

产生断路的原因主要是熔断、线头松脱、断线、开关没有接通、铝线接头腐蚀等。

2. 检查方法

(1)如果一个灯泡不亮而其他灯泡都亮,应首先检查是否灯丝烧断,若灯丝未断,则应检查开关和灯头是否接触不良、有无断线等。为了尽快查出故障点,可用试电笔测灯座(灯口)的两极是否有电,若两极都不亮说明相线断路;若两极都亮(带灯泡测试),说明中性线(零线)断线;若一极亮一极不亮,说明灯丝未接通。对于荧光灯来说,还应对其启辉器进行检查。

(2)如果几盏电灯都不亮,应首先检查总保险是否熔断或总闸是否接通。也可按上述方法用试电笔判断故障点在总相线还是在总零线上。

(二)短路

1. 造成短路的原因

(1)用电器具接线不好,导致接头碰在一起。

(2)灯座或开关进水,螺口灯头内部松动或灯座顶芯歪斜,造成内部短路。

(3)导线绝缘外皮损坏或老化损坏,并在零线和相线的绝缘处碰线。

2. 短路故障处理

发生短路故障时,会出现打火现象,并引起短路保护动作(熔丝烧断)。当发现短路打火或熔断时,应先查出发生短路的原因,找出短路故障点,并进行处理,再后更换熔丝,恢复送电。

(三)漏电

1. 漏电故障的原因

漏电故障的原因有相线绝缘损坏而接地、用电设备内部绝缘损坏使外壳带电等,这些原因都会造成漏电故障的发生。

2. 漏电故障的查找方法

漏电不但会造成电力浪费,还可能会造成人身触电伤亡事故,因此要求照明电路和电力电路都要安装漏电保护装置。漏电保护装置一般采用漏电开关,当漏电电流超过整定电流值时,漏电保护装置动作,切断电路。若发现漏电保护装置动作,则应查出漏电接地点并进行绝缘处理再通电。

照明电路的接地点多发生在穿墙部位和靠近墙壁或天花板等部位。查找接地点时,应注意查找这些部位。漏电故障的查找方法如下:

(1)首先判断是否确实漏电:判断照明电路是否确实漏电,可用摇表摇测,看其绝缘电阻值的大小,或在被检查建筑物的总刀闸上接一只电流表,取下所有灯泡,接通全部电灯开关,仔细进行观察,若电流表指针摆动,则说明漏电。指针偏转得多少,取决于电流表的灵敏度和漏电电流的大小,若偏转多则说明漏电大。确定漏电后可按下一步继续进行检查。

(2)判断是相线与零线之间的漏电,还是相线与大地间的漏电,或者是两者兼而有之。通常可以用上述电流表的方法来判断是什么漏电。在相线上接入电流表,切断零线,观察电流的变化:如果电流表指示不变,应该是相线与大地之间的漏电;如果电流表指示为零,则表示是相线与零线之间漏电;如果电流表指示变小但又不为零,则表明相线与零线、相线与大地之间均有漏电。

(3)确定漏电范围:取下分路熔断器或拉下开关刀闸,如果电流表不变化,则表明是总线漏电;如果电流表指示为零,则表明是分路漏电;如果电流表指示变小但又不为零,则表明总线与分路均有漏电。

(4)找出漏电点:按前面所述的方法确定漏电的分路或线段后,依次拉断该电路灯具的开关。当拉断某一开关时,如果电流表指针回零,则表明是这一分支线漏电;如果电流表指针不变化,则表明除了该分支漏电外还有其他漏电处;如果所有灯具开关都拉断后,电流表指针仍不变,则说明是该段干线漏电。

按照上述方法依次把故障范围缩小到一个较短线段或小范围之后,便可进一步检查该段电路的接头,以及电线穿墙处等有无漏电。当找到漏电点后,应及时妥善处理。

二、白炽灯电路的故障原因与检修方法

白炽灯电路的故障原因与检修方法如表5-6所示。

表5-6　白炽灯电路的故障原因与检修方法

故障现象	故障原因	检修方法
灯泡不亮	灯泡断丝	更换灯泡
	烧保险	更换保险
	开关接触不良	检修或更换开关
	灯座(头)接触不良	检修或更换灯座(头)
	灯头引入线中断	检查电路,重新连接
	电源无电	—
灯泡忽明忽暗	开关接触不良	检修或更换开关
	灯座(头)接触不良	检修或更换灯座(头)
	熔丝安装不牢固	检查加固
	灯丝断后,断口忽接忽离	更换灯泡
	接头接触不良	检修拧紧灯泡
灯泡强白	灯丝断后再接	更换灯泡
	灯泡额定电压不符	更换与电压相符的灯泡

技能训练　管道布线安装双控白炽灯电路

1. 训练目的

掌握塑管布线 2 个双控开关控制一盏螺口白炽灯的电路安装技能和通电试验技术。

2. 训练器材

(1)单股绝缘铜芯线 BV-1.5 若干、绝缘胶带 1 圈。

(2)双控开关面板 2 个、螺口白炽灯座和 15 W 灯泡各 1 个。

(3) 20 塑管及管码若干、底盒 2 个、带盖 20 三通 2 个、木螺钉若干。

(4)电工实训台 1 张、电工常用工具 1 套。

双控白炽灯电路原理图,如图 5-7 所示。

螺口灯座(头)接线时,零线必须接螺口座(头)的螺纹接线桩,相线必须经过两个双联开关后接到螺口灯座(头)的中心弹簧触点接线桩上。从原理图可知,当两个双控开关均接上桩端子或均接下桩端子时,电路接通,白炽灯得电点亮;当两个双控开关其中一个接上桩端子,另一个接下桩端子时,电路断开,白炽灯无法得电。

双控电路安装电气平面图,如图 5-8 所示,图中:

(1)⫲⫲⫲:表示两根导线;

(2)⫲⫲⫲:表示三根导线,三根导线也可用 $\frac{3}{}$ 表示,三根线以上均用数字表示。

(3)⟋:表示双控明装墙边开关。

(4)⊗:表示白炽灯。

(5)BV:表示单层塑料绝缘铜芯线。

(6)3×1.5:表示三根 1.5 mm² 导线。

(7)VG20:表示直径为 20 mm 的塑管。

(8)$\frac{25}{}$D:其中的 25 表示功率为 25 W,D 表示安装方式为吸顶式安装,安装高度与天花板高度相同。

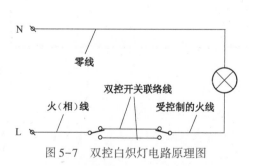

图 5-7　双控白炽灯电路原理图

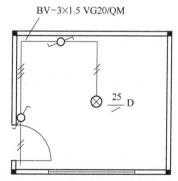

图 5-8　双控白炽灯电路电气平面图

3. 训练步骤

塑管明配线安装双控白炽灯电路的步骤:

（1）根据图 5-8 电气平面确定电器与设备的位置,并弹出管路走向的中心线和管路交叉位置,如图 5-9(a)所示。

（2）用冲击钻打 8 mm 孔,塞胶粒,安装管码和分线盒,如图 5-9(b)所示。

（3）测管线长度(包括弯位)、切料、弯管,如图 5-9(c)所示。

（4）将管子、接线盒(分线盒)等连接成整体或部分整体进行安装,并穿入引线钢丝,如图 5-9(d)所示。

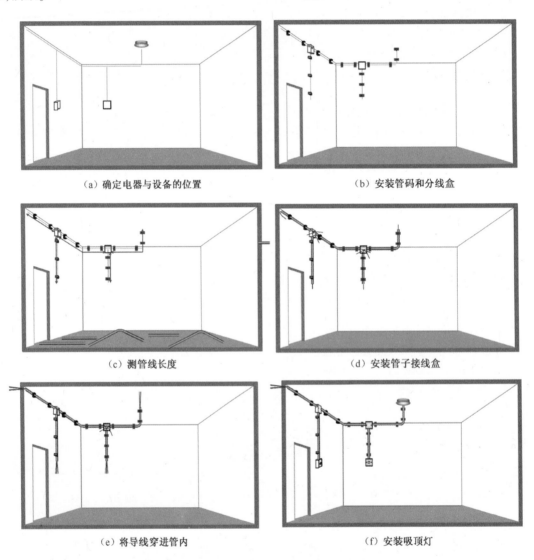

（a）确定电器与设备的位置　　　　　　　　（b）安装管码和分线盒

（c）测管线长度　　　　　　　　（d）安装管子接线盒

（e）将导线穿进管内　　　　　　　　（f）安装吸顶灯

图 5-9　塑管明配线安装双控白炽灯电路

（5）裁线,打记号,通过管内的钢线将导线穿进管内,如图 5-9(e)所示。

（6）安装底盒,双控开关及吸顶灯座接线,固定开关及吸顶座,安装灯泡,如图 5-9(f)所示。

（7）通电试验。

4. 训练注意事项

（1）安装要求:

①管道布线要求横平竖直,固定间距均匀,转弯符合要求,电路接线正确。

②能选择适宜的木螺钉固定各种电器和管道,而且整齐美观,不会松动。

③线头接到电器上时,线芯不能露出接线端子外,导线在底盒内的长度不能太长或太短,一般约为 100 mm 左右。

(2)注意事项:

①除直流回路导线和接地线外,不得在钢管内穿单根导线。

②线管转弯时应采用弯曲线管的方法,不宜采用制成品的弯管接头,以免造成管口连接处过多,影响穿线工作。

③导线进出金属管口时,要加保护套,以防管口刮伤导线。

④穿线前,所有导线均应打记号,以便于接线。

⑤接线时,相线必须接到双控开关的公共接线桩上,螺口灯座(头)的中心弹簧触点接线桩必须接另一个双联开关的公共接线桩上,接错则无法实现两地控一灯。

⑥导线接入平压式接线桩时,一定要顺时针连接。

⑦如果电路发生故障,应先切断电源,然后再进行检修。

1. 管道布线适用于什么场所?

2. 明敷暗敷管道的弯曲半径各是多少?

3. 什么情况下线管需加装拉线盒?

4. 穿管导线的总截面(包括外皮)有什么要求?

5. 塑管的固定距离是多少?

6. 金属管的固定距离是多少?

7. 采用金属管配线时应注意什么?

项目 **六** ┃ 塑槽布线安装插座荧光灯电路

　　白炽灯因为发光效率低、寿命短、灯泡表面温度高,已很少使用,而荧光灯因发光效率高、寿命长、光色好、灯体温度低,已成为日常生活中经常使用的灯具。随着科技的发展,新一代光源 LED 的产生,LED 灯(带)开始进入诸多照明领域。荧光灯电路、插座电路也是最基本的照明电路之一。而塑槽配线方式也是室内照明电路最常用的配线方法之一。通过本项目的学习,了解新一代光源 LED 的结构原理,了解荧光灯电路故障原因,掌握荧光灯故障的检修方法,掌握塑槽配线安装工艺,提高操作技能。

　　(1)了解荧光灯的构造、种类、优缺点、适用场所,荧光灯图形符号及荧光灯的工作原理。
　　(2)熟知插座安装的有关规定。
　　(3)熟知塑槽布线的有关规定。
　　(4)了解荧光灯电路故障的原因,掌握检修方法。
　　(5)熟练掌握塑槽安装各种插座、灯具、开关电器的操作技能。

项目情境

　　本项目的教学建议:塑槽45°夹角、塑槽终端封口,边讲边演示。塑槽配线安装荧光灯、插座电路的方法步骤,用 PPT 模拟演示。

相关知识

一、荧光灯及其电路图

(一)荧光灯的构造、优缺点及其适用场所

1. 荧光管的构造

荧光灯是一种最常用的低气压放电灯,灯管的构造如图 6-1 所示。

图 6-1　荧光灯灯管结构

2. 荧光灯的优缺点

(1)优点:发光效率高,寿命长,光色好,灯体温度低。

(2)缺点:需辅助设备,价格较高,且有射频干扰。

3. 荧光灯的适用场所

荧光灯适用于照明要求较高,需辨别色彩的室内照明。

(二)电感式镇流器荧光灯电路

1. 电感式镇流器荧光灯电路的组成

如图6-2所示,电感式镇流器荧光灯电路由导线、开关(K)、熔断器(FU)、镇流器(Ld)、荧光灯管、起辉器(S)、电容(C)等组成。

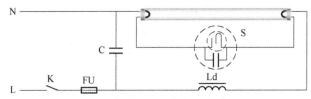

图6-2　电感式镇流器荧光灯电路原理图

2. 起辉器的结构及作用

(1)起辉器的结构:如图6-2所示,起辉器由一个热开关和一个小电容组成。热开关则由双金属片(∩形动触片)和固定电极(静触片)构成,并封装在充有氖气的玻璃泡内。

(2)起辉器的作用:

①通过加在热开关上的电压,促使氖气放电,∩形动触片发热膨胀接触固定电极,热开关自动接通两灯引脚之间的启动电路。当热开关自动接通时,氖气放电停止,∩形动触片冷却收缩,热开关自动断开,切断启动电路,促使镇流器产生高压脉冲,点燃灯管。

②通过0.01 μF、400 V的纸介质小电容,可抑制灯管电路产生的射频干扰,从而减少对无线电接收设备的影响。

3. 电感式镇流器的结构及作用

(1)电感式镇流器的结构:由线圈和铁芯组成,它实际是一个电感线圈。

(2)电感式镇流器的作用:镇流器在荧光灯电路中起以下两个作用:

① 产生高压脉冲,点燃灯管。

②点燃灯管后,起降压和限制电流作用。这时由于镇流器的分压作用,使得灯管两端电压远低于220 V(例如40 W灯管的端电压为108 V左右,而镇流器两端电压为165 V左右),而因灯管的电压较低,使得与灯管并联的启辉器因启辉电压不足而处于相对的静止状态,不至于影响灯管的正常工作。

4. 电容

(1)电容的作用:电容是为了补偿由镇流器所引起的无功感性电流,提高电路的功率因素而设置的,起补偿作用。电感式镇流器荧光灯电路的功率因数比较低,一般为0.4左右,接入电容后,可提高到0.9以上。

(2)应用中可根据不同的灯管功率,配用不同容量的电容。例如,20 W的灯管,配用2.5 μF的电容,30 W的灯管,配用3.5 μF的电容,40 W的灯管,配用4.75 μF的电容。

(3)如果采用集中补偿方式,此电容可不装设。

5. 电感式镇流器荧光灯电路的工作原理

由图6-2可知,当荧光灯接通电源后,电源电压经过镇流器、灯丝,加在起辉器的动静触片之间引起辉光放电(氖气放电),放电时产生的热量使∩形动触片膨胀并向外延伸,与静触片接触,接通电路,使灯丝加热并发射电子。与此同时,由于∩形动触片与静触片接触,使两片间电压为零而停止辉光放电,动触片冷却并复原脱离静触片;在动触片断开瞬间,在镇流器两端会产生一个比电源电压高得多的感应电动势,这个感应电动势与电源电压串联后,全部加在灯管两端的灯丝间,使灯管内惰性气体(氩气)被电离而引起弧光放电,随着灯管内温度升高,液态汞就会汽化游离,引起汞气弧光放电而辐射出不可见的紫外线,紫外线激发灯管内壁的荧光粉后,发出近似日光的可见光。此时,由于镇流器的分压作用,使得灯管两端电压远低于 220 V(例如 40 W 灯管的端电压为108 V 左右,而镇流器两端电压为 165 V 左右),而因灯管的电压较低,使得与灯管并联的启辉器因启辉电压不足,氖气不能放电,启辉器处于相对的静止状态,不影响灯管的正常工作,灯管继续发出日光。

(三)电子式镇流器荧光灯电路

1. 电子镇流器的优点

与传统的电感式镇流器相比,电子镇流器具有以下优点:

(1)节电效果显著,其节电特征主要表现在以下三方面:

①增加光输出,提高灯的发光效率。与电感式镇流器使用 50 Hz 交流电的情况不同,电子式镇流器输出的频率增加至 20 kHz 以上。通过研究表明:当荧光灯输入的频率由 50 Hz 增加到 20 kHz以上后,其发光效率提高约 10% 左右,也表明:对于同样的光输出,采用电子镇流器取代电感式镇流器后,输入的电功率可减少。

②自身功耗低:传统电感式镇流器的功耗一般约为灯功率的 20% 左右,例如,40 W 的荧光灯,其电感式镇流器的功耗约为 8 W。这就是平时计算 40 W 灯管的用电量时,要按照 48 W 的功率进行计算的原因。而电子式镇流器配 40 W 的灯管,其功耗通常都≤4 W,特别是双管以上的荧光灯采用电子镇流器后,节电效果更加明显。

③具有高功率因数:普通的电感式镇流器,其功率因数通常只有 0.4 左右,而采用电子镇流器的荧光灯的功率因数通常可到 0.9 以上甚至达到 1 的水平,能有效地提高电源的供电能力,改善供电质量和节约电能。

(2)体积小、重量轻、无闪烁、无噪声。电子镇流器的体积小,其重量只有电感式镇流器的1/5~1/10,由于频率在 20 kHz 以上,故能有效地消除人眼能觉察到的频闪现象。

(3)能实现低电压启动。电感式镇流器在电压低于 190 V 时,则不能将灯管启动,在我国电力供需矛盾仍较紧张的广大农村地区,电路电压往往低于 220 V 的实际值,经常出现在用电高峰期,供电电压低于 160 V 的情况,灯管在低电压下,反复启动而不能点燃。除造成损失以外,还引起灯管端部早期发黑,大大缩短灯管的使用寿命。而采用电子镇流器后,即使电源低至 130 V,在室温下仍可正常启动,且能实现一次启动即能点燃,对维护灯管寿命极为有利,这些优点是电感式镇流器所不能相比的。

2. 电子镇流器应用电路分析

下面以典型的 TISC-1204H 型荧光灯电子镇流器为例,分析其电路环节的组成及其工作原理。

(1)电路的组成。图 6-3 所示为 TISC-1204H 型荧光灯电路电子镇流器的原理图。电子镇流器电路由整流滤波电路、启动电路、高频自激振荡电路、灯管谐振电路及过压保护电路等组成。

(2)工作原理分析:

①电源电路:经由 D_1~D_4 整流后,由 D_5~D_7 及 C_4、C_5 组成的功率因数校正电路,在每一个单周期内,将交流输入电压高于直流输出电压的时间拉长,可使整流过零的死区时间缩短,使电路的功率因数提高到 0.9 以上。

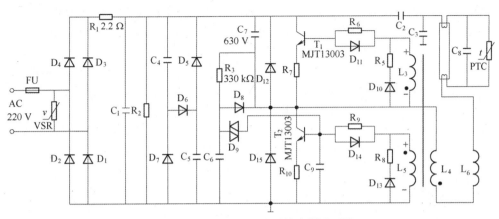

图 6-3　TISC-1204H 电子镇流器原理图

②启动电路:主要由 C_6、C_7、R_3、D_9 等元件组成。220V 直流电压经 C_7、R_3 对 C_6 充电,当 C_6 两端电压充到 D_9 的转折电压后,触发双向二极管 D_9 导通,C_6 经 D_9 向晶体管 T_2 基极放电,使 T_2 导通后迅速达到饱和导通状态。

③高频自激振电路:由 T_1、T_2、C_2、C_8、$L_3 \sim L_6$ 等主要元件组成。当 T_2 导通、T_1 截止时电压向 C_2、C_8 充电。流经高频变压器初级线圈 L_4 中的充电电流逐渐增大,当 L_4 中电流增大到一定程度时,变压器的磁芯达到饱和,C_2 上电荷不再增大,流过 L_4 的电流开始减小。这时,次级线圈 L_3、L_5 的电压极性发生倒相变化,使 L_5 中感生的电动势方向是上负下正,L_3 中感生的电动势的方向为上正下负,这样就迫使 T_2 由导通变为截止。C_2 开始放电,当放电电流增大到一定程度时,变压器磁芯又发生饱和,使次级线圈 L_3、L_5 的电压极性又发生变化,使 L_3 上的感生电动势的方向为上负下正,使 L_5 上的感生电动势的方向为上正下负,这又迫使 T_2 由截止变为导通,T_1 由导通变为截止。这样,T_1、T_2 在高频变压器控制下周而复始地工作,形成高频振荡,使荧光灯得到高频交流电供电。

④灯管谐振电路:为了满足启动点亮灯管所需的电压,电路设置了主要由 C_8、L_6 等元件组成的串联谐振电路。即使市电电压较低,只要振荡电路起振,仍能点燃荧光灯。本电路若市电电压低到 90 V,荧光灯仍能正常点燃。灯管启动后,其内阻急剧下降,该内阻并联于 C_8 两端,使 L_6、C_8 串联谐振 Q 值(谐振电路品质因数,代表道频带的宽度)大为下降,处于失谐状态,故 C_8 两端的电压下降为正常工作电压,维持灯管稳定地发光。当灯管点燃后,L_6 起到镇流作用。

⑤过压保护电路:振荡电路过压保护由 C_7、D_{12}、D_{15} 组成。当晶体管由导通转为截止时,电感 L_6 上的电压与电源电压叠加将会使晶体管击穿烧毁,电容器 C_7 是为电感 L_6 提供泄放通路,防止 L_6 上的电流突然中断而产生过高的电压。D_{12}、D_{15} 的作用是分别防止反峰电压击穿 T_1、T_2。

市电过压保护电路主要由压敏电阻 VSR 及熔断器 FU 组成。压敏电阻 VSR(10K471),其标称电压为 470 V,当 VSR 两端低于 470 V 电压时,其阻抗接近于开路状态。当 VSR 两端电压高于 470 V 时,VS 呈导通状态,电流剧增,熔断熔丝,从而起到保护后电路的作用。

⑥其他元件的作用:D_{11}、D_{14}(FR105)为高速开关晶体管,可改善驱动电路的开关特性,并有助于提高 T_1、T_2 的可靠性。

R_6、R_9 为负反馈电阻,用于晶体管 T_1、T_2 的过流保护。R_1 为限流电阻。D_{10}、D_{13} 为钳位二极管,可将 T_1、T_2 基极电压控制在安全范围之内。

C_1、C_3 的作用是吸收高频脉冲尖峰电压。当振荡电路停振后,R_2 为 C_4、C_5 提供放电回路。

PTC(321P)为正温度系数的热敏电阻,是灯丝热启动元件,在室温下阻值约为 240 Ω。在启动时,使灯丝流过较大的预热电流。由于电流热效应,在一定时间内(大于 0.4 s)发生阶跃式的正跳变,其电阻值急剧上升,达到 10 MΩ 以上。这样当灯管启动后,PTC 对灯管电路几乎不起作用,此时灯丝电流通过 C_8 构成回路,使灯丝获得正常的工作电流,从而达到延长灯管使用寿命的目的。

D_8 为 C_6 提供放电回路。当 T_2 导通后,则不需要它激励了,因两只晶体管 T_1、T_2 正常工作方式是轮流导通的,当 T_1 导通时,T_2 应处于截止状态,若此时启动电路仍工作,将会使 T_2 导通。这样将会使两只晶体管"共同导通"而立即烧毁。为了阻止启动电路在晶体管 T_1 导通以后继续对 T_2 产生激励信号,因此对 C_6 设置放电电路。其放电回路由 D_8、T_2 构成,当 T_2 导通时,C_6 上的电荷通过 D_8、T_2、R_9 泄放;当 T_2 截止、T_1 导通时,C_6 充电,在未达到触发二极管转折电压之前,T_2 即导通。所以正常工作时,C_6 两端电压很低,实则在 0.7~2.0 V 之间,不会再次触发双向二极管 D_9 导通,从而使启动电路在灯管点亮后不再起作用,避免了干扰振荡电路的正常工作。

二、塑槽布线的有关规定

(一)适用场所

适用于办公室、住宅等室内正常干燥场所,屋外、潮湿及较危险场所不允许用塑槽配线。

(二)配线要求

应尽量沿建筑物的角位敷设,与建筑物的线条平行或垂直。水平敷设时距地面不应小于 150 mm,塑槽不能穿过楼板或墙壁(应采用瓷管或硬塑管加以保护)。不同电压的导线不应敷设在同一塑槽内;槽内导线不得有接头,接头应在接线盒或塑槽外连接。

(三)导线选择

可选用胶麻线、塑料线等 500 V 绝缘的导线,不允许使用软线或裸导线。导线的最小截面积,铜线不得小于 1 mm²,地线不得小于 1.5 mm²,铝线不得小于 2.5 mm²。

(四)塑槽固定

在木结构上敷设时可直接用木螺钉固定;在砖墙或水泥结构上可采用预埋木线、打洞塞木砧或塑料胀管等方法用木螺钉固定底板。底板的固定点距离不应大于 500 mm,离底板终端或始端 40 mm 处应有木螺钉固定。

三、插座安装的有关规定

(一)插座的安装高度

(1)在一般场所,距地面高度不宜小于 1.3 m。

(2)托儿所及小学不宜小于 1.8 m。

(3)车间及实验室的插座不宜小于 0.3 m。

(4)特殊场所暗装的插座不小于 0.15 m。

广州地区规程规定:一般为 1.3~1.5 m,不得小于 0.15 m,且低于 1.3 m 时,其导线应改用槽板或管道布线,居民住宅和儿童活动场所不得低于是 1.3 m。

(二)插座的接线

(1)单相两孔插座水平安装时为左零右相,如图 6-4(a)所示,垂直安装时为上火下零,如图 6-4(b)所示。

(2)单相三孔扁插座是左零右相上为地,如图 6-4(c)所示,不得将地线孔装在下方或横装,插座内的接地端子不应与零线端子直接连接。

(3)三相四孔插座的接地线或接零线均应接上孔,另外三个孔接相线。

(4)单相插座如果安装熔断器保护,相线应先进熔断器再接到插座的右孔接线桩上。

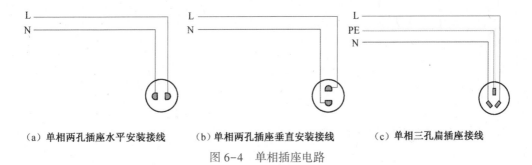

　　（a）单相两孔插座水平安装接线　　　（b）单相两孔插座垂直安装接线　　　（c）单相三孔扁插座接线

图 6-4　单相插座电路

（三）插座的容量

　　插座的容量应与用电设备负荷相适应,每一插座只允许接用一个电器,并应设有熔断器保护,熔断器应接在相线上。1 kW 以上的用电设备,其插座前应加装刀开关控制。

　　不同电压的插座应有明显的区别,不能互换使用。

　　并列安装的同一型号的插座高度差不宜大于 1 mm,同一场所安装的插座高度差不宜大于 5 mm。

一、LED 灯

（一）LED 结构及发光原理

　　LED(Ljght Emitting Diode),发光二体管,是一种固态的半导体器件,它可以直接把电转化光。LED 的心脏是一个半导体的晶片,它由两部分组成:一部分是 P 型半导体,在它里面空穴占主导地位;另一部分是 N 型半导体组成,在这边主要是电子。但这两种半导体连接起来的时候,在 P 型半导体和 N 型半导体之间有一个过渡层,称为 P-N 结。当电流通过导线作用于这个晶片时,电子就会被推向 P 区,在 P 区里电子跟空穴复合,电子与空穴复合时会把多余的能量以光的形式释放出来,从而把电能直接转换为光能,这就是 LED 发光的原理。LED 的内在特征决定了它是最理想的光源去代替传统的光源,有广泛的应用前途。

（二）LED 的优点

1. 光源发光效率高

　　白炽灯的光效为 12~25 lm/W,荧光灯的光效为 50~70 lm/W,钠灯的光效为 90~140 lm/W,通过这些灯的耗电,大部分变成热量损耗。LED 光效可达到 150~200 lm/W,而且发光的单色好,光谱窄,无须过滤,可直接发出有色可见光。

2. LED 光耗电量少

　　LED 单管功率 0.03~0.06 W,采用直流驱动,单管驱动电压 1.5~3.5 V,电流 15~18 mA,反应速度快,可高频操作,用在同样照明效果的情况下,耗电量是白炽灯的万分之一,荧光灯的二分之一。

3. LED 光源使用寿命长

　　白炽灯、荧光灯、卤钨灯是采用电子光场辐射发光,有灯丝发光易烧、易热沉积、易光衰减等缺点,而采用 LED 灯体积小,重量轻,环氧树脂封装,可承受高强机械冲击和震动,不易破碎,平均寿命达 10 万小时。LED 灯具使用寿命可达 5~10 年。

4. LED 光源安全可靠性强

LED 灯发热量低，无热辐射性，冷光源，可以安全抵摸，能精确控制光型及发光角度、光色，无眩光，不含汞、钠元素等可能危害健康的物质。

5. LED 光源有利环保

LED 为全固体发光体，耐冲击不易破碎，废弃物可回收，没有污染，可减少大量二氧化硫、氯化物等有害气体以及二氧化碳等温室气体的产生，改善人们生活居住环境，可称为"绿色照明光源"。

二、荧光灯电路的故障与检修

荧光灯电路的故障原因与检修方法如表 6-1 所示。

表 6-1 荧光灯电路的故障原因与检修方法

故 障 现 象	故 障 原 因	检 修 方 法
不能发光或发光困难	(1)电压太低或电路压降大	调整电路电压或加粗电线
	(2)辉光启动器(简称启辉器)损坏	更换启辉器
	(3)灯丝烧断	更换灯管
灯管两端发光	(1)启辉器接触点熔合或内部电容短路	更换启辉器
	(2)电压太低	调整电压
灯光闪烁,无法启动	(1)新管暂时现象	开灯几次可消除
	(2)启辉器质量差	更换启辉器
	(3)接错线	检查电路并改正
灯管光度减低或色彩差	(1)灯管老化	更换灯管
	(2)电压降低	调整电压
	(3)灯管上积尘太多	清洁灯管
杂声及电磁声	(1)镇流器质量差、铁芯末夹紧	更换镇流器
	(2)电路电压升高	测试电压并调整
	(3)镇流器内部短路过载	更换镇流器
	(4)镇流器受热过渡	检查受热原因并排除
镇流器发热	(1)灯架内温度过高	改善灯架装置使之散热良好
	(2)电路电压过高	调整电压
	(3)灯管闪烁时间过长	检查闪烁原因并排除
	(4)灯管连续使用时间过长	减少连续使用时间
灯管寿命短	(1)镇流配用不当(过大)	选用匹配的镇流器
	(2)镇流器质量差,致使灯管电压失常	选用质量好的镇流器
	(3)开关次数太多	减少开头次数
	(4)启辉器不良,引起长时间闪烁	更换启辉器
灯管两端发黑或生黑斑	(1)灯管使用时间长会有此现象	如亮度不正常,更换灯管
	(2)灯管内水银凝结,是细管常有现象	启动即可蒸发

技能训练　塑槽布线安装插座、荧光灯电路

1. 训练目的

掌握塑槽布线安装插座、荧光灯电路的实作技能和通电试验技术。

2. 训练器材

(1) 单股绝缘铜芯线 BVV-1 若干, 黄绿双色单股绝缘铜芯线 BVV-1.5 若干。

(2) 开关面板 1 个、三孔扁插座 2 个, 20 W 荧光灯支架 1 套(含灯管)。

(3) 绝缘胶带 1、单底盒 1 个, 孖底盒 1 个圈、24 塑槽若干及木螺钉若干。

(4) 电工训练台 1 张、电工常用工具 1 套。

荧光灯电路原理图参见图 6-2;插座电路图参见图 6-4;插座、荧光灯安装电气平面图, 如图 6-5 所示。其中:

(1) ⊢———⊣:表示荧光灯;

(2) ⅄:表示三孔扁插座,(2)表示有 2 个三孔扁插座;

(3) ✔:表示明装墙边单控开关;

(4) 2×1+1.5:表示有 2 根 1 mm² 铜芯线,1 根 1.5 mm² 铜芯线(地线);

(5) VXC:表示用塑制线槽敷设,24 表示线槽槽宽。

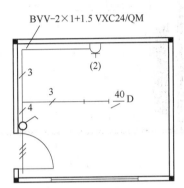

图 6-5　插座、荧光灯安装电气平面图

3. 训练步骤

(1) 根据电气平面图确定电器的安装位置和电路路径, 用弹线盒弹基准线, 如图 6-6(a) 所示。

(2) 用冲击钻 8 cm 钻头沿基准线打孔, 并塞胶粒, 然后拆线槽槽盖, 用 25 自攻螺钉安装底槽, 如图 6-6(b) 所示。

(3) 敷线:按电路长度裁剪导线, 并将零线、火线, 以及灯控制线的两端头打好记号, 以便接线时不会接错线, 然后将导线放进槽内盖面板, 如图 6-6(c) 所示。

(4) 固定底盒, 按图接线, 并固定墙边开关面板和插口灯座, 最后将灯泡插入灯座, 如图 6-6(d) 所示。

(5) 通电试验。

4. 训练注意事项

(1) 能选择适宜的木螺钉固定各种电器、塑槽、底盒等。

(2) 电器安装时要做到整齐美观、不松动。

(3) 线头接到电器上时, 要接触良好, 接头紧密可靠。

(4) 塑槽配线安装插座、荧光灯电路要符合有关规定, 配线做到横平竖直, 电路接线正确, 能正确开断荧光灯。

(5) 接线时, 相线一定要先进开关, 然后才接到灯头, 顺序不能接错, 而零线则直接接入灯头;如果零线进开关, 相线直接进灯头, 关灯后灯管会出现荧光现象。

(6) 插座的相线必须从荧光灯开关前面借电, 否则会受荧光灯开关控制;接插座导线时, 必须按左零右火上为地的规定接线, 不可接错。

(7) 镇流器一定要与灯管配套, 而且镇流器应串接在相线上, 否则就会烧灯管。

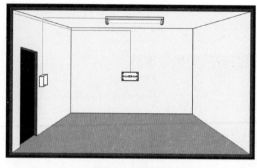

（a）确定电器安装位置和路径　　　　　　（b）安装底槽

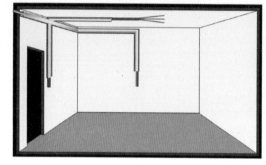

（c）敷线　　　　　　　　　　　　　（d）安装荧光灯

图 6-6　塑槽布线安装插座、荧光灯电路

（8）启辉器的两个端子分别接灯管两端的其中一个引脚上，如果启辉器接在镇流器与引脚之间的连线上或者接在零线上，灯管就会连续闪烁，不能启动。

（9）导线接入平压式接线桩时，一定要顺时针连接。

（10）如电路发生故障，应先切断电源，然后再进行检修。

测试题

1. 槽板配线适用什么场所？槽板配线有什么要求？固定距离是多少？
2. 槽板配线可选什么导线敷设？哪些导线不能用？导线截面有什么要求？
3. 电子镇流器有什么优点？荧光灯有何优缺点？它适用于哪些场所？
4. 插座安装有什么规定？
5. 在荧光灯电路中，电感式镇流器、启辉器有何作用？
6. 简述荧光灯电路常见故障的原因及处理方法。

项目七　家居照明电路的设计与安装

项目导入 ⚙

　　项目五、项目六讲述了双控白炽灯电路、插座荧光灯电路,这是两个最典型的照明基本电路,家居照明电路就是由它们组成的。通过本项目的学习,进一步了解电气照明平面图,读懂照明施工图,了解家居照明电路设计要求,掌握家居照明电路的设计方法步骤,进一步提高塑槽布线安装各种插座、灯具、开关电器的操作技能。

学习目标 ⚙

　　(1)了解照明电源及其供电方式。
　　(2)了解照明电路的保护方式,能选择保护电器。
　　(3)熟知照明负荷的计算方法,学会选择导线截面。
　　(4)了解电气照明施工图,能设计、安装家居照明电路。
　　(5)进一步提高塑槽布线安装各种插座、灯具、开关电器的操作技能。

项目情境 ⚙

　　本项目的教学建议:通过PPT模拟演示家居照明电路的设计。

相关知识 ⚙

一、照明电路简介及其保护

(一)电源

　　(1)照明电路的供电应采用380 V/220 V三相四线制中性点直接接地的交流电源。负载电流小于30 A时,照明电源一般采用单相三线制。当负载电流大于30 A时,照明电源一般采用三相五线制的交流电源。

　　(2)易触电、工作面较窄、特别潮湿的场所(如地下建筑)和局部移动式的照明,应采用36 V、24 V、12 V的安全电压。一般情况下,可用干式双卷变压器供电(不允许采用自耦变压器供电)。

　　(3)照明配电箱的设置位置应尽量靠近供电负荷中心,并略偏向电源侧,同时应便于通风散热和维护。

(二)电压偏移

　　照明灯具的电压偏移,一般不应高于其额定电压的5%,照明电路的电压损失应符合下列要求:

（1）视觉较高的场所为 2.5%。

（2）一般工作场所为 5%。

（3）远离电源的场所,当电压损失难以满足 5%的要求时,允许降低到 10%。

(三) 照明供电电路

（1）照明电路的基本形式:照明电路的基本形式如图 7-1 所示。

①引下线:由室外架空电路到建筑物外墙支架上的电路,称为引下线。

②进户线:从外墙到总配电箱的电路称进户线。零线进入总配电箱的总开关之前应重复接地。

③干线:由总配电箱至分配电箱的电路称为干线。

④支线:由分配电箱至照明灯具的电路称为支线。在每一楼层便于操作的梯口处,均设一个层分开关箱,控制本层的电源。

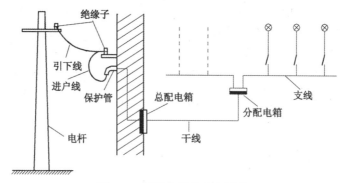

图 7-1 照明电路的基本形式

（2）照明电路的供电方式:总配电箱到分配电箱的干线有放射式、树干式和混合式三种供电方式,如图 7-2 所示。

①放射式:如图 7-2(a)所示,各分配电箱分别由各干线供电。当某分配电箱发生故障时,保护开关将其电源切断,不影响其他分配电箱的工作。所以,放射式供电方式的电源较为可靠,但材料消耗较大。

②树干式:如图 7-2(b)所示,各分配电箱的电源由一条共用干线供电。当某分配电箱发生故障时,影响到其他分配电箱的工作,所以电源的可靠性差。但这种供电方式节省材料,较经济。

③混合式:如图 7-2(c)所示,放射式和树干式混合使用供电,吸取两式的优点,既兼顾材料消耗的经济性,又保证电源具有一定的可靠性。

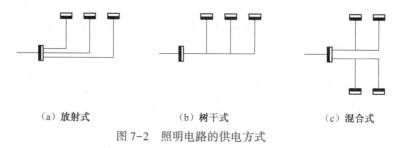

（a）放射式 （b）树干式 （c）混合式

图 7-2 照明电路的供电方式

(四) 照明电路的保护

1. 过载保护

在照明电路的干线、支线上均可采用自动空气开关或熔断器作用电设备的过载或短路保护装置。注意:三相五线制的 N 线不允许安装熔断器或开关。

短路时,保护设备额定电流的选择应满足短路故障时的分断能力,即

$$I_{eR} \geqslant 2I_j$$

过载时,保护设备额定电流的选择应满足过载故障时的分断能力,即

$$I_{er} \geqslant I_j$$

式中:I_{eR}——熔断器或自动开关的额定电流(A);

I_{er}——熔体额定电流或热脱扣器电流(A);

I_j——电路计算工作电流(A)。

由于高压汞灯的启动电流大、时间长,所以熔体电流选择应满足下列关系:

$$I_{er} = (1.3 \sim 1.7)I_e$$

式中:I_e——高压汞灯额定电流。

2. 漏电保护

照明电路必须安装防止人身触电保护用的漏电保护装置,其漏电动作电流应≤30 mm,动作时间≤0.1 s。

3. 接地保护

必须设接地保护,电气设备的金属外壳必须接地。

二、照明电路负荷计算及导线选择

(一)照明负荷的计算

照明负荷一般根据需要系数法计算。当三相负荷不均匀时,取量大一相的计算结果作为三相四线制电路的计算容量(计算电流)。

1. 容量的计算

单相二线制照明电路计算容量的公式为:

$$P_j = K_c P_e \qquad 或 \qquad P_j = \Sigma K_c P_e$$

式中:P_j——计算容量;

K_c——照明负荷需要系数,可按表7-1 选择。

P_e——电路上的额定安装容量,包括镇流器或触发器的功率损耗(W)。

表7-1　照明负荷计算需要系数 K_c 表

编　号	建　筑　类　别	需要系数 K_c
1	大型厂房及仓库、商业场所、户外照明、事故照明	1.0
2	大型生产厂房	0.95
3	图书馆、行政机关、公用事业	0.9
4	分隔或多个房间的厂房或多跨厂房	0.85
5	试验室、厂房辅助部分、托儿所、幼儿园、学校、医院	0.8
6	大型仓库、配变电所	0.6
7	支线	1.0

2. 电流的计算

(1)白炽灯、卤钨灯等纯电阻负载:

①单相电路：

$$I_j = P_j/U_P = K_c P_e/U_P$$

计算单个家居照明电路的电流时，白炽灯、卤钨灯等纯电阻负载的计算电流可按 4.5 A/kW 进行计算。

②三相电路：

$$I_j = P_j/(\sqrt{3} U_L) = K_c P_e/(\sqrt{3} U_L)$$

（2）荧光灯、带有镇流器的气体放电灯及电动机：

①单相电路：

$$I_j = K_c P_e/(U_P \cos\phi)$$

计算单个家居照明电路的电流时，荧光灯、带有镇流器的气体放电灯经及单相电动机的计算电流可按 9 A/kW 进行计算。

②三相电路：

$$I_j = K_c P_e/(\sqrt{3} U_L \cos\phi)$$

式中：U_L——电路额定线电压，一般为 380 V。

（3）混合电路（既有白炽灯又有气体放电灯类）：

各种光源的电流：

$$I_{yg} = P_e/U_P = P_e/220$$

$$I_{wg} = I_{yg} \tan\phi$$

式中：U_P——电路额定相电压，一般为 220 V；

I_{yg}——电路有功电流（A）；

I_{wg}——电路无功电流（A）。

每根电路的工作电流和功率因数：

$$I_g = \sqrt{(\sum I_{yg})^2 + (\sum I_{wg})^2}$$

$$\cos\phi = \sum I_{yg}/I_g$$

（4）总计算电流：

$$I_j = K_c I_g$$

式中：I_j——电路计算电流（A）；

I_g——电路工作电流（A）；

$\cos\phi$——电路功率因数。

【例1】 某生产厂房的三相四线制照明电路上，有 250 W 高压水银灯和 25 W 白炽灯两种光源，各相负载分配如下：

相序	250 W 高压汞灯	白炽灯
L$_1$	4 盏，1 000 W	2 000 W
L$_2$	8 盏，2 000 W	1 000 W
L$_3$	2 盏，500 W	3 000 W

试计算电流。

解：查表得 250 W 高压汞灯的 $\cos\phi = 0.61$（$\tan\phi = 1.3$），其镇流器损耗为 25 W。查表 7-1，生产厂房的 $K_c = 0.95$。

L$_1$ 相负荷计算如下：

（1）容量的计算：

①高压水银灯容量： $P_j = K_{c1} P_e = 1 \times (250+25) \times 4 \text{ W} = 1 100 \text{ W}$

②白炽灯容量： $P_j = K_{c1} P_e = 2 000 \text{ W}$

（2）电流的计算：

①高压水银灯电流：

$$I_{yg} = P_j/220 = 1 100/220 \text{ A} = 5 \text{ A}$$

$$I_{wg} = I_{yg}\tan\phi = 6.5 \text{ A}$$

②白炽灯电流：　　　　　　　$I_{yg} = P_j/220 = 2\ 000/220 \text{ A} = 9.09 \text{ A}$

③L_1相电路的工作电流和功率因数：

$$I_g = \sqrt{(\sum I_{yg})^2 + (\sum I_{wg})^2} = 15.52 \text{ A}$$

$$\cos\phi = \sum I_{yg}/I_g = 0.91$$

同理得：L_2相工作电流为19.51 A，功率因数为0.75。

　　　　L_3相工作电流为16.49 A，功率因数为0.98。

由于L_2相工作电流最大，故三相四线制照明线中的计算电流为：

$$I_j = K_cI_g = 0.95 \times 19.51 \text{ A} = 18.53 \text{ A}$$

电路功率因数为0.75。

(二)导线选择

1. 根据机械强度选择导线截面

室内照明电路导线机械强度的最小允许截面应符合表7-2的要求。

表7-2　低压配线机械强度允许的导线最小截面

序　号	类　别		线芯最小允许截面/mm²		
			铜芯软线	铜导线	铝导线
1	移动式设备电源线	生活用	0.4	—	—
		生产用	1.0	—	—
2	吊灯引线	民用建筑,室内	0.4	0.5	1.5
		工业建筑,室内	0.5	0.8	2.5
		户外	1.0	1.0	2.5
3	敷设在绝缘支承件上的绝缘导线(d为支点间距)	$d \leq 1$ m　室内	—	1.0	1.5
		$d \leq 1$ m　室外	—	1.5	2.5
		$d \leq 2$ m　室内	—	1.0	2.5
		$d \leq 2$ m　室外	—	1.5	2.5
		$d \leq 6$ m　室内	—	2.5	4
		$d \leq 6$ m　室外	—	2.5	6
4	接户线	≤10 m	—	2.5	6
		≤25 m	—	4	10
5	爆炸危险场所穿管敷设的绝缘导线	1区、10区	—	2.5	—
		2区、11区	—	1.5	—
6	穿管敷设的绝缘导线	1.0	1.0	2.5	
7	槽板内敷设的绝缘导线	—	1.0	2.5	
8	塑料护套线敷设(明码直敷)	—	1.0	2.5	

2. 根据允许持续电流选择导线截面

选择导线时,导线的允许持续电流应大于电路的计算电流。家居照明电路导线截面可按表 7-3~表 7-7 选择,如果电路敷设方式采用管道暗敷,则导线降级使用,例如 1.5 mm² 塑料铜芯护套线明敷时允许持续电流为 21 A,暗敷时许持续电流为 16 A。

表 7-3　聚氯乙烯绝缘铜芯线穿硬塑料管敷设的允许持续电流(A)　　T+65 ℃

截面积/mm²	2 根导线			管径/mm	3 根导线			管径/mm	4 根导线			管径/mm
	25 ℃	30 ℃	35 ℃		25 ℃	30 ℃	35 ℃		25 ℃	30 ℃	35 ℃	
1.0	12	11	10	15	11	10	9	15	10	9	8	15
1.5	16	14	13	15	15	14	12	15	13	12	11	15
2.5	24	22	20	15	21	19	18	15	19	17	16	20
4	31	28	26	20	28	26	24	20	25	23	21	20
6	41	38	35	20	36	33	31	20	32	29	27	25
10	56	52	48	25	49	45	42	25	44	41	38	32
16	72	62	57	32	65	60	56	32	57	53	49	32
25	95	88	82	32	85	79	73	40	75	70	64	40
35	120	112	103	40	105	98	90	40	93	86	80	50
50	150	140	129	50	132	123	114	50	117	109	101	65
70	185	172	160	50	167	156	144	50	148	138	129	65

表 7-4　聚氯乙烯绝缘铜芯线穿钢管(G)敷设的允许持续电流(A)　　T+65 ℃

截面积/mm²	2 根电线			管径/mm	3 根电线			管径/mm	4 根电线			管径/mm
	25 ℃	30 ℃	35 ℃		25 ℃	30 ℃	35 ℃		25 ℃	30 ℃	35 ℃	
1.0	14	13	12	15	13	12	11	15	11	10	9	15
1.5	19	71	16	15	17	15	14	15	16	14	13	15
2.5	26	24	22	15	14	22	20	15	22	20	19	15
4	35	32	30	15	31	28	26	15	28	26	24	15
6	47	43	40	15	41	36	35	15	37	34	32	20
10	65	60	56	20	57	53	49	20	50	46	43	25
16	82	76	70	25	73	68	63	25	65	60	56	25
25	107	100	92	25	95	88	82	32	85	79	73	32
35	133	124	115	32	115	107	99	32	105	98	90	32
50	165	154	142	32	146	136	126	40	130	121	112	50
70	205	191	177	50	183	171	158	50	165	154	142	50

表7-5 橡皮绝缘铜芯线穿硬塑料管敷设的允许持续电流(A)　　　T+65 ℃

截面积/mm²	2 根电线			管径/mm	3 根电线			管径/mm	4 根电线			管径/mm
	25 ℃	30 ℃	35 ℃		25 ℃	30 ℃	35 ℃		25 ℃	30 ℃	35 ℃	
1.0	13	12	11	15	12	11	10	15	11	10	9	15
1.5	17	15	14	15	16	14	13	15	14	13	12	20
2.5	25	23	21	15	22	20	19	15	20	18	17	20
4	33	30	28	20	30	28	25	20	26	24	22	20
6	43	40	37	20	38	35	33	20	34	31	29	25
10	59	55	51	25	52	48	44	25	46	43	39	32
16	76	71	65	32	68	63	58	32	60	56	51	32
25	100	93	86	32	90	84	77	32	80	74	69	40
35	125	116	108	40	110	102	95	40	98	91	84	40
50	160	149	138	40	140	130	121	50	123	115	106	50
70	195	182	168	50	175	163	151	50	155	144	134	50

表7-6 橡皮绝缘铜芯线穿钢管(G)敷设的允许持续电流(A)　　　T+65 ℃

截面积/mm²	2 根电线			管径/mm	3 根电线			管径/mm	4 根电线			管径/mm
	25 ℃	30 ℃	35 ℃		25 ℃	30 ℃	35 ℃		25 ℃	30 ℃	35 ℃	
1.0	15	14	12	15	14	13	12	15	12	11	10	15
1.5	20	18	17	15	18	16	15	15	17	15	14	20
2.5	28	26	24	15	25	23	21	15	23	21	19	20
4	37	34	32	20	33	30	28	20	30	28	25	20
6	49	45	42	20	43	40	37	20	39	36	33	20
10	68	63	58	25	60	56	51	25	53	49	45	25
16	86	80	74	25	77	71	66	32	69	64	59	32
25	113	105	97	32	100	93	86	32	90	84	77	40
35	140	130	121	32	122	114	105	32	110	102	95	40
50	175	163	151	40	154	143	133	50	137	128	118	50
70	215	201	185	50	193	180	166	50	173	161	149	70

表7-7 明敷塑料铜芯护套线的允许持续电流(A)　　　T+65 ℃

截面积/mm²	导线直径/mm	单 芯			二 芯			三 芯		
		25 ℃	30 ℃	35 ℃	25 ℃	30 ℃	35 ℃	25 ℃	30 ℃	35 ℃
1.0	1.13	19	17	16	15	14	12	11	10	9
1.5	1.37	24	22	21	19	17	16	14	13	12
2.5	1.76	32	29	27	26	24	22	20	18	17
4	2.24	42	39	36	36	33	31	26	24	22
6	2.73	55	51	47	47	43	40	32	29	27
10	7×1.33	75	70	64	65	60	56	52	48	44

3. 根据电压损失选择导线截面

负载端电压是保证负载正常运行的一个重要因素。由于电路存在阻抗,电流通过电路时会产生一定的电压损失,如果电压损失过大,负载就不能正常工作。

电压损失的大小与导线的材料、截面积和长度有关,用电压损失率来表示,其关系式如下:

$$\varepsilon = \Delta U / U = \Delta U 100 / U \cdot \%$$

即

$$\varepsilon = (U_1 - U_2) 100 / U \cdot \%$$

式中:ε——电路的电压损失率,正常情况允许 5%;

ΔU——电路首末端的绝对电压差(V);

U_1——电路首端电压或电源端电压(V);

U_2——电路末端电压或负载端电压(V)。

当给定电路电功率、送电距离和允许电压损失率后,导线截面计算公式(经验公式)为:

$$S = \sum (P_j L) / (C\varepsilon) \cdot \%$$

或

$$S = (P_1 L_1 + P_2 L_2 + \cdots) / (C\varepsilon)$$

式中:S——导线截面积(mm^2);

P_j——电路或负载的计算功率(kW);

L——电路长度(m);

ε——允许电压损失率(%),正常情况允许 5%;

C——使用系数,由导线材料、电路电压及配电方式而定。应按表 7-8 选取。

表 7-8　电压损失计算的 C 值

电路额定电压/V	电路系统类别	C 值计算公式	C 值	
			铜	铝
380/220	三相四线	$10rU_L^2$	72.0	44.5
380/220	两相线-中性线	$10rU_L^2/2.25$	32.0	19.5
220	单相、直流	$5rU_P^2$	12.1	7.45
110			3.02	1.86
36			0.323	0.200
24			0.144	0.0887
12			0.036	0.0220
6			0.009	0.0055

注:(1) 环境温度取 35 ℃,线芯工作温度为 50 ℃;

　　(2) r 为导线电导率($\Omega \cdot \text{mm}^2$),$r_{铜}$ 为 49.88,$r_{铝}$ 为 30.79;

　　(3) U_L、U_P 分别为线电压、相电压(kV)。

在从机械强度、允许持续电流、允许电压损失三方面选择导线截面积时,应取其中最大的截面积作为依据,再从产品目录中选用等于或稍大于所求得的标称截面导线。

4. 电压损失校验

为保证电压损失不超过规定值,在选用导线截面和确定配电方式之后,还需要进行电压损失的校验,如不符合电压损失的规定,必须重新选择导线截面或调整负荷分配。

电压损失校验一般采用经验估算公式:

$$\Delta U\% = \sum \varepsilon I_j L$$

式中：$\Delta U\%$——三相四线制对称负载的电压损失；

I_j——电路的计算工作电流（A）；

L——电路长度（km）；

ε——电路每 1 A·km 的电压损失率（%），可从表 7-9 查取。

表7-9 三相四线制照明电路每 1 A·km 的电压损失率 ε（35 ℃）

敷设方式	导线截面	铜芯绝缘导线不同 cosφ 的电压损失率						铝芯绝缘导线不同 cosφ 的电压损失率					
		0.5	0.6	0.7	0.8	0.9	1.0	0.5	0.6	0.7	0.8	0.9	1.0
明敷	1	4.84	5.73	6.64	7.56	8.51	9.40	—	—	—	—	—	—
	1.5	3.23	3.83	4.45	5.06	5.66	6.27	5.41	6.44	7.46	8.51	9.50	10.54
	2.5	1.98	2.36	2.72	3.10	3.47	3.76	3.30	3.93	4.54	5.17	5.80	6.34
	4	1.28	1.51	1.71	1.97	2.17	2.35	2.11	2.49	2.87	3.25	3.62	3.96
	6	0.86	1.03	1.17	1.33	1.44	1.57	1.42	1.70	1.95	2.20	2.43	2.64
	10	0.57	0.658	0.739	0.814	0.896	0.94	0.91	1.06	1.195	1.35	1.54	1.58
	16	0.37	0.42	0.49	0.53	0.58	0.59	0.60	0.69	0.78	0.86	0.94	0.99
	25	0.269	0.295	0.346	0.355	0.372	0.376	0.42	0.47	0.53	0.58	0.61	0.63
	35	0.212	0.232	0.252	0.265	0.280	0.268	0.32	0.36	0.40	0.43	0.45	0.45
	50	0.19	0.199	0.211	0.227	0.232	0.125	0.274	0.303	0.330	0.354	0.370	0.362
穿管	1	4.7	5.64	6.58	7.52	8.46	9.40	—	—	—	—	—	—
	1.5	3.14	3.76	4.39	5.01	5.63	7.27	5.27	6.32	7.38	8.43	9.48	10.54
	2.5	1.92	2.30	2.68	3.06	3.44	3.76	3.20	3.84	4.47	5.10	5.76	6.34
	4	1.23	1.46	1.70	1.93	2.14	2.35	2.02	2.41	2.8	3.18	3.57	3.96
	6	0.82	0.98	1.13	1.29	1.41	1.57	1.36	1.62	1.88	2.13	2.38	2.64
	10	0.52	0.596	0.699	0.779	0.871	0.94	0.82	0.96	1.130	1.29	1.50	1.58
	16	0.32	0.38	0.45	0.50	0.53	0.59	0.52	0.63	0.72	0.81	0.90	0.99
	25	0.221	0.252	0.305	0.323	0.355	0.376	0.34	0.40	0.47	0.53	0.58	0.63
	35	0.165	0.189	0.215	0.234	0.255	0.268	0.25	0.30	0.34	0.38	0.42	0.45
	50	0.143	0.161	0.181	0.196	0.211	0.125	0.206	0.245	0.274	0.306	0.337	0.362

【例2】 例1生产厂房的三相四线制照明，干线采用钢管布线供电电路，供电干线距离为 100 m，允许电压损失均为 2.5%，如采用铜芯绝缘导线供电应选用多大的截面？

解：(1) 根据机械强度选择导线截面。从表7-2 中可查出应采用截面为 1 mm² 的单股铜芯绝缘导线。

(2) 根据允许持续电流选择导线截面：

①电流的计算：从例1可知，电路的计算工作电流为 18.53 A，功率因数 $\cos\phi = 0.75$。

②选择截面：查表7-4 得出应采用截面为 2.5 mm² 的单股铜芯绝缘导线（环境温度为 30 ℃）。

(3) 根据允许电压损失率选择截面：从表7-8 中查得当送电电压为 380 V 采用三相四线制供电方式时，铜线 C 值为 72.0，题中给出允许电压损失率 $\varepsilon = 5\%$，三相负载的计算功率为

$$P_j = K_c \sum (P_{e1} + P_{e2} + P_{e3}) = 0.95(3\,100 + 3\,200 + 3\,550) \text{ W} = 9\,357.5 \text{ W} = 9.36 \text{ kW}$$

$$S = \sum (P_j L)/(C\varepsilon) \cdot \% = [(9.36 \times 100)/(72 \times 5)] \text{ mm}^2 = 2.6 \text{ mm}^2$$

根据以上计算,为了同时满足机械强度、持续电流和电压损失率三个条件,应选取最大截面积导线,故应选取 4 mm² 单股铜芯绝缘导线。

(4)电压损失校验:根据已知参数从表 7-9 查得 $\mathcal{E}$ = 1.93 则负载端的电压损失率为:

$$\Delta U\% = \sum \mathcal{E} I_j L = 1.93 \times 18.53 \times 0.1 = 3.58$$

小于 5 符合电压损失要求。

三、家居照明电路的平面图设计

(一)家居照明电路设计的一般要求

(1)室内开关箱应装置在明显、便于操作维护的位置,一般安装在厅的大门后面,安装高度为 1.8~2 m。

(2)开关箱内必须设置漏电断路器,漏电断路器的规格应按计算电流的 1.3 倍进行选择,但漏电动作电流不得大于 30 mA,动作时间不得大于 0.1 s。

(3)室内插座的安装高度一般不应低于 1.3 m,低于 1.3 m 的插座必须有保护措施,如被家具、电视等遮挡,不让小孩接触。

(4)一般情况下,家居照明电路应设分支回路,具体回路数根据实际情况而定,对于较大的家用电器(如电热水器、空调等),应设置独立的分路开关控制,照明灯和插座也分设回路。分开关的规格应按计算电流的 1.3 倍进行选择。

(5)各室的照明灯具应按其空间大小选择亮度合适的功率。

(6)家居照明的布线方式采用塑管暗敷或塑槽明敷。

(7)设专用接地线(PE),电气设备的金属外壳必须接地。

(二)家居照明电路照明平面图的设计步骤

(1)按照比例画出建筑物平面图,标出具体的空间尺寸,以便于统计导线、材料的数量,如图 7-3 所示。

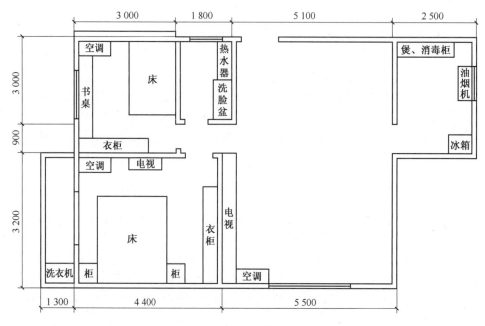

图 7-3 建筑物平面

（2）确定电器具体位置及电路路径,标出相应图形符号,如图7-4所示。

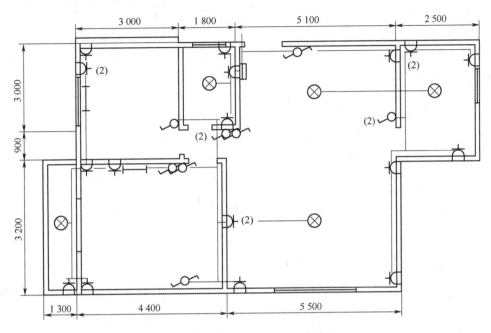

图7-4　确定电器位置及电路路径

（3）灯具标注:在灯具图形符号旁,标出灯具的数量、型号,以及每盏灯具光源的数量、容量、安装高度和方式等(同一房间内相同的灯具,一般只标注一处),如图7-5所示。

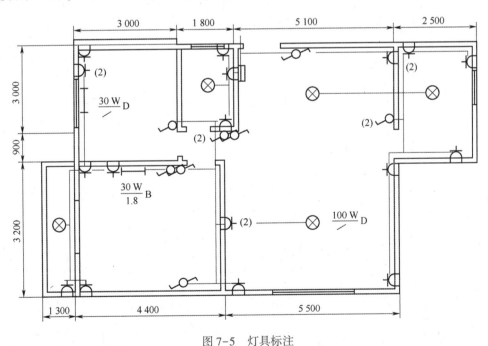

图7-5　灯具标注

（4）根据实际情况,确定各灯具、电器的容量,计算各灯具、电器的电流,选择合适的导线和控制开关。

（5）配电箱标注:标出配电箱的型号、规格和编号。画出所有配电箱的接线图,标明开关电器的规格、各支路的名称和负载大小,各支路线的电路标注(若电路上已标注,则配电箱不用标明电路标注),如图7-6所示。

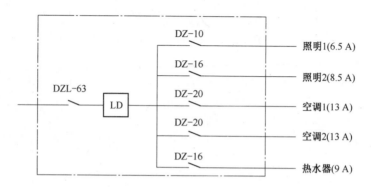

图7-6　配箱标注

（6）电路标注:标出导线的型号、根数、截面和敷设方式(包括线管或塑槽的规格),如图7-7所示。

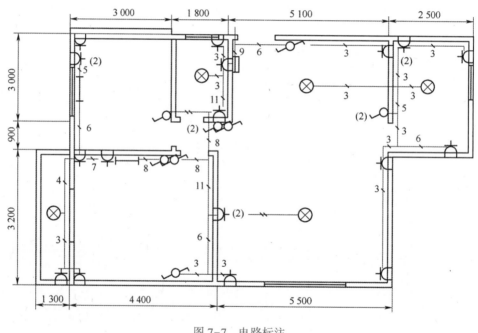

图7-7　电路标注

（7）做必要的设计说明,并画出工程数量表。

　　电气照明的施工图是根据土建设计提供的空间尺寸或照明场所的环境状况,结合照明场所的使用要求,遵照照明设计的有关规定,以确定合理的照明种类和方式选择适宜的光源及灯具而绘制出来的。电气照明施工图的内容包括:施工说明、工程数量表、电气照明平面布置图、系统图、安装图,以及其他电气系统等。

一、施工说明

施工说明又称设计说明,它是用文字或符号对以下主要内容进行综合说明:

(1)设计的总安装容量、计算容量和计算电流。

(2)工程所采用的一些施工安装的常规要求和特殊措施。

(3)在平面图和系统图上标注不便、无法表示或不易表达清楚之处的说明。

二、工程数量表

工程数量表用表格形式表示,内有序号、工程项目和型号、单位、数量及附注等五栏内容。

三、电气照明平面布置图

电气照明平面布置图也称电气平面图或照明平面,内容包括以下几方面:

(1)建筑和工艺设备及室内的平面布置轮廓(其图例见表 7-10)、各场所的名称、尺寸和照度。

(2)按电气图例的图形符号(见表 7-11)标出全部灯具、电路、配电箱、插座、开关等电器的安装位置。

(3)根据灯具标注(见表 7-12)格式,标出灯具的数量、型号以及每盏灯具光源的数量、容量、安装高度和方式等(同一房间内相同的灯具,一般只标注一处)。

(4)根据电路标注(见表 7-12)格式,标出导线的型号、根数、截面和敷设方式(穿管敷设时还应标明穿管管径)。

(5)根据配电箱标注(见表 7-12)格式,标出配电箱的型号、规格和编号。

表 7-10　常用建筑图例图形符号及名称

图　例	名　称	图　例	名　称
	普通砖墙		普通砖墙
	普通砖		混凝土
	钢筋混凝土		金属
	砂、灰土及粉刷材料		可见孔洞
	普通砖柱		钢筋混凝土柱
	窗户		窗
	高窗		不可见孔洞
	空门洞		墙内单扇推拉门
	单扇门		双扇门
	双扇弹簧门		污水池
0.000	标高符号(用米表示)		楼梯底层 楼梯中间层 楼梯顶层
① (2/4)	轴线号与附加轴线号		

表 7-11　常用电气图例图形符号及名称（GB/T 4728.1—2005）

名　称	图　例	文字符号、说明及做法
动力或动力——照明配电箱照明配电箱(屏)		画于墙外为明装 画于墙内为暗装
事故照明配电箱(屏)		
多种电源配电箱(屏)		
有功电度表	Wh	—
无功电度表	varh	—
电流表	A	—
有功功率表	W	—
电压表	V	—
灯一般符号	⊗	—
投光灯一般符号		—
聚光灯		—
荧光灯一般符号		—
两管荧光灯		—
单极开关		暗装、密闭、防爆圈内表示方式同上
暗装		
密闭(防水)		
防爆		
双极开关		
三极开关		
单极双控开关		—
单极双控拉线开关		—
单极拉线开关		—

名　称	图　例	文字符号、说明及做法
风扇调速器		—
两极导线		—
三根导线		多线表示
三根导线	3	单线表示
普通刀开关	或	Q、S
三相刀开关		Q
带动合触点的按钮	E-	
带动断触点的按钮	E-	SB
带动合和动断触点的按钮	E-	
热继电器的常闭触点		
热继电器热元件		FR
接触器线圈		
接触器动合(常开)触点		KM
接触器动断(常闭)触点		

名 称	图 例	文字符号、说明及做法
过电流继电器线圈	$I >$	KI
过电压继电器线圈	$U >$	KA
吊式电风扇		有时标出吊杆长度
轴流式风扇		—
单相插座		—
单相插座暗装		—
密闭(防水)单相插座		—
插座箱(板)		—
带保护接点插座		暗装、密闭、防爆型半圈内表示方式同上
带接地插孔的三相插座		
带熔断器的插座		—
电信插座一般符号		TP——电话　M——传声器　TV——电视 TX——电传　FM——调频
三相笼形异步电动机	$\frac{M}{3\sim}$	M
电抗器	或	L
时间继电器线圈		KT,通电延时
		KT,断电延时
接触器、中间继电器线圈		KM——交流接触器　KA——中间继电器

名　　称	图　　例	文字符号、说明及做法
动合(常开)触点		符号同操作元件
动断(常闭)触点		
时间继电器		KT,通电延时断开常闭触点
		KT,断电延时闭合常闭触点
		KT,断电延时断开常开触点
	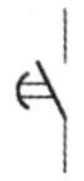	KT,通电延时闭合常开触点

表 7-12　在工程平面图中标注的各种符号与代表名称

在动力或照明配电设备上的标写格式	在配电电路上的标写格式	表达电路明敷设部位的代号
$a\dfrac{b}{c}$ 或 a-b-c 只注编号时为: a——设备编号;一般用 1、2、3……表示。只注编号时,为了便于区别,照明设备用一、二、三……表示; b——设备型号; c——设备容量(kW)	a-b(c×d)e-f 末端支路只注编号时为: a——回路编号; b——导线型号; c——导线根数; d——导线截面; e——敷设方式及穿管管径; f——敷设部位	S——沿钢索敷设; LM——沿屋架或屋架下弦; ZM——沿柱敷设; QM——沿墙敷设; PM——沿天棚敷设; PNM——在能进入的吊顶棚内敷设
对照明灯具的表达格式	表达电路敷设方式的代号	表达电路暗敷设部位的代号
$a-b\dfrac{c×b}{e}f$ a——灯具数; b——型号;(注 1) c——每盏灯的灯泡数或灯管数; d——灯泡容量(W); e——安装高度(m);(注 2) f——安装方式	GBVV——用轨型护套线敷设; VXC——用塑制线槽敷设; VG——用硬塑制管敷设; VYG——用半硬塑制管敷设; DG——用薄电线管敷设; G——用厚电线管敷设; GG——用水煤气钢管敷设; GXC——用金属线槽敷设	LA——暗设在梁内; ZA——暗设在柱内; QA——暗设在墙内; PA——暗设在屋面内或顶板内; DA——暗设在地面内或地板内; PNA——暗设在不能进入的吊顶内

续表

在电话交接箱上标写的格式	在用电设备或电动机出线口处标写格式	表达照明灯具安装方式的代号
$\dfrac{a-b}{c}d$ a——编号; b——型号; c——线序; d——用户数	$\dfrac{a}{b}$ a——设备编号; b——设备容量	X——自在器线吊式; X_1——固定线吊式; X_2——防水线吊式; X_3——吊线器式; L——链吊式; G——管吊式; B——壁装式; D——吸顶式; R——嵌入式; T——台上安装;
标写计算用的代号	在电话电路上标写的格式	DR——顶棚内安装; BR——墙壁内安装; J——支架上安装; Z——柱上安装; ZH——座装
P_e——设备容量(kW); P_{1S}——计算负荷(kW); I_{1S}——计算电流(A); Iz——整定电流(A); Kx——需要系数; $\triangle U\%$——电压损失; $\cos\phi$——功率因数	a-b(c×d)e-f a——编号; b——型号; c——导线对数; d——导线芯径(mm); e——敷设方式和管径; f——敷设部位	

注:(1)灯具符号内已标注编号者不再注明型号。

(2)安装高度:壁灯的安装高度是指灯具中心与地面的距离;吊灯的安装高度则为灯具底部与地面的距离。

四、供电系统图

供电系统图也称电气系统图或照明系统图。图中有:

(1)标出的各级配电箱和照明电路的连接系统。

(2)各配电箱标注的编号和型号、箱内所用开关、熔断器等电器的型号和规格,以及熔断器或保护开关的保护整定值。

(3)除按电路标注外,干线还标明其额定电流(或计算电流)、长度和电压损失值,支线还标注其额定电流、电路计算长度、安装容量和所在相序。

五、安装图

常规的安装图多采用标准图,施工单位一般备有标准图集;有特殊要求的安装图,一般有专门的安装详图。

六、其他电气系统

电气施工图有时还有其他与建筑物有关的电气系统,如防雷接地、公用电视天线、电话通信、火灾报警、有线广播等系统。

技能训练

技能训练　家居照明电路的设计安装

1. 实训目的

掌握塑槽布线安装家居照明电路的安装技能和通电试验技术。

2. 实训器材

(1)单股绝缘铜芯线 BVV-1.5 若干。

(2)一位开关面板 1 个、两位开关面板 1 个(其中一位为单控开关,另一位为双控开关)、一位单控开关面板 1 个、一位双联开关面板 1 个、二三孔扁插座 3 个、螺口灯座 2 个、15 W 插口灯泡 2 个、螺口灯灯泡 1 个、20 W 荧光灯支架及灯管 1 套、单相电度表(5 A)1 个、单相漏电断路器(32 A)1 个、空气开关(10 A)3 个、导轨 1 条、单相电源线(带插头)1 条。

(3)24 塑槽若干、单底盒 6 个。

(4)绝缘胶带 1 圈、木螺钉若干。

(5)电工实训台 1 张。

(6)电工常用工具 1 套。

3. 训练步骤

(1)根据电工实训台的空间和所给器材,设计家居照明电路平面图,要求家居照明电路分三个支路设计,其中一个插座与一盏白炽灯为第一支路;两个插座为第二支路;一盏白炽灯与荧光灯为第三支路。

(2)根据电气平面图确定电器的安装位置和电路路径,用弹线盒弹基准线,然后固定塑槽底板。

(3)敷线:按电路长度裁剪导线,并将中性线、相线,以及灯控制线的两端头打好记号,以便接线时不会接错线,然后将导线放进槽内盖面板。

(4)固定底盒,按图接线,并固定开关面板、插座面板、灯座,最后安装灯泡、灯管。

(5)通电试验。

4. 训练注意事项

(1)设计电路平面图时,要做到整齐美观,电器位置合理,电路横平竖直,路径符合节约原则。

(2)能选择适宜的木螺钉固定各种电器、塑槽、底盒等。

(3)电器安装时要做到整齐美观、不松动。

(4)线头接到电器上时,要接触良好,接头紧密可靠。

(5)配线要做到横平竖直,各电器的安装均要符合有关规定,电路接线正确,能正确开断所有电器。

(6)通电试验时,如电路发生故障,应先切断电源,然后再进行检修。

测试题

1. 易触电、工作面较窄、特别潮湿的场所(如地下建筑)和局部移动式的照明电源有什么特别要求?

2. 照明电路电压偏移有什么规定?

3. 照明电路的供电方式有哪几种形式?

4. 照明电路应设哪些保护?

5. 如何选择照明导线的截面?采用管道或塑槽布线时,导线截面积不能小于多少?

6. 为什么三相五线制电路的 N 线不能装设熔断器或开关?

7. 试述家居照明电路设计的一般要求。

8. 如何选择防止人身触电用漏电保护装置?

项目 **八** 　**电动机正转控制电路的安装与调试**

三相交流异步电动机是一种使机械能与电能相互转化的机械,具有传输效率高、控制方便等优点,所以,三相交流异步电动机广泛应用于工业生产及人们生活中。三相交流异步电动机正转控制电路是最基本的、最典型的电动机控制电路之一,通过本项目的学习,熟知电动机控制电路中低压电器的作用、结构及工作原理,掌握电动机正转控制工作原理、接线方法及工艺,为以后继续学习电动机其他控制电路打下扎实的基本功。

(1)了解电动机控制电路的组成及其作用。
(2)熟知电动机控制电路中低压电器的作用、结构及其工作原理。
(3)熟知各低压电器的线圈、触点的位置及其图形符号。
(4)熟知三相交流异步电动机定子绕组的接线方式。
(5)熟知电动机正转控制电路的工作原理。
(6)掌握电动机控制电路的接线方法及工艺技术。
(7)掌握电动机控制电路安装接线完毕的通电试验方法。

项目情境

本项目的教学建议:在讲授低压电器时,将电动机控制电路接线板发放到学生手中,对照实物进行学习,加深认识,更好地掌握低压电器的作用、结构及其工作原理。在讲授电动机控制电路的接线方法及其工艺技术时,边讲边作示范,学生边学边练。

一、电动机控制电路原理图组成及其器件的作用

(一)电动机(机床电气)控制电路原理图的组成

如图 8-1 所示,电动机(机床电气)控制电路原理图由主电路、控制电路、文字功能图区和数字功能图区组成。

(二)电动机控制电路中主电路的主要组成及其器件的作用

1. 主电路的定义

主电路是指从电源到电动机(受控设备)之间的电路,是大电流通过的部分。

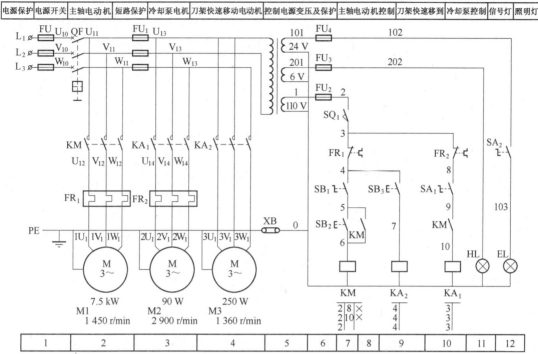

图 8-1　电动机(机床电气)控制电路原理图的组成

2. 主电路的主要组成及其作用

如图 8-2 所示,按顺序由以下组成:

(1)电源开关(QS):采用隔离开关,起接通电源和停电隔离作用。由于隔离开关结构的原因,现时很多机床控制电路采用断路器作电源开关。

(2)熔断器(FU):对主电路起短路保护作用。

(3)操作开关:多采用接触器(KM)主触点,用于接通或切断电动机的电源。

(4)热继电器(FR)热元件:对主电路电动机起过负荷保护作用。当电动机不需过负荷保护时,可不装设热继电器。

(5)电动机(M):将电能转化为动能,提供转矩。

3. 主电路在原理图中的位置

主电路要画在原理图中的右边。

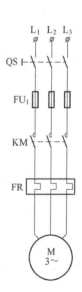

图 8-2　主电路的组成

(三)电动机控制电路中控制电路的主要组成及其器件的作用

1. 控制电路的定义

控制电路是电路原理图中通过小电流的部分。用于控制主电路的操作开关,从而控制主电路中电动机(受控设备)的"启动""运行""停止",使主电路中的设备按设计工艺的要求正常工作,属于小电流控制大电流。

2. 控制电路的主要组成及其作用

典型的电动机正转控制电路由启动回路和自锁回路组成,如图 8-3 所示。

启动回路由保护熔断器 FU、热继电器 FR 动断(常闭)触点、停止按钮 SB₁ 动断(常闭)触点、启

动按钮 SB_2 动合(常开)触点和接触器 KM 线圈组成。

自锁回路由保护熔断器 FU、热继电器 FR 动断(常闭)触点、停止按钮 SB_1 动断(常闭)触点、接触器 KM 辅助动合(常闭)触点和接触器 KM 线圈组成。

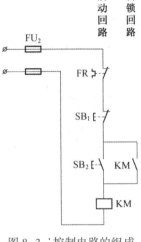

(1) 熔断器 FU_2:对控制电路起短路保护作用。

(2) 热继电器 FR 常闭触点:电动机过载时断开,切断控制电路电源,从而使 KM 线圈失电,KM 主触点断开,切断电动机电源,电动机停止运行。

(3) 停止按钮 SB_1:多采用动断(常闭)触点,用于停机。

(4) 启动按钮 SB_2:多采用动合(常开)触点,用于启动。

(5) 接触器 KM 线圈:得电产生磁场,吸磁铁带动接触器 KM 触点动作。

(6) 接触器 KM 辅助动合(常开)触点:接触器 KM 线圈得电,其辅助动合(常开)触点闭合,接通自锁回路,当 SB_2 断开时 KM 线圈通过其辅助动合(常开)触点仍然得电,即接触器自锁,实现电动机连续运行。

图 8-3 控制电路的组成

3. 控制电路在原理图中的位置

控制电路要画在原理图中的右边。

(四)文字功能图区

文字功能图区的作用是使原理图中各部分电路的动作功能一目了然,以便于阅读分析原理图的工作原理。机床电气控制电路和比较复杂的电动机控制电路原理图一般情况下均标注文字功能图区。

(五)数字功能图区

数字功能图区的作用是使原理图中的接触器、中间继电器的触点位置一目了然,以便于阅读分析原理图的工作原理,也便于电动机(机床)控制电路的故障检查维修。

二、电动机控制电路中低压电器的作用及其结构

如图 8-4 所示,这是一个典型的电动机控制电路原理图,电路中所用到的低压电器有隔离开关 QS(可用断路器代替)、熔断器(FU)、交流接触器(KM)、热继电器(FR)和自动复位按钮(SB),电路中还有受控设备电动机(M)。

(一)隔离开关(QS)

隔离开关属于刀开关,刀开关是一种配电电器。在供配电系统和设备自动系统中,刀开关通常用于电源隔离,有时也可用于不频繁接通和断开小电流配电电路或直接控制小容量电动机的启动和停止。刀开关的种类很多,通常将刀开关和熔断器合二为一,组成具有一定接通分断能力和短路分断能力的组合式电器,其短路分

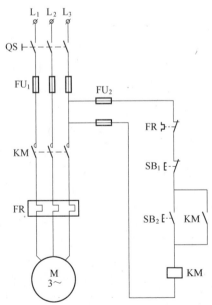

图 8-4 电动机控制电路原理图

断能力由组合电器中熔断器的分断能力来决定。在电力设备自动控制系统中,使用最广泛的有胶壳刀开关、铁壳开关和组合开关。

1. 隔离开关的作用

(1) 隔离开关合上,电路接通电源,作电源开关用。

(2)隔离开关打开,将电路与电源隔开,以保证停电检修人员的人身安全,作隔离用。

2. 隔离开关的特点

(1)不能带负荷接通或断开电路。

(2)断开时有明显的断开点。

3. 常用的低压隔离开关种类

常用的低压隔离开关有胶壳刀开关、铁壳开关、石板开关、专用隔离开关等。

4. 胶壳刀开关

胶壳刀开关俗称闸刀开关,也称为开启式负荷开关。常用的胶壳刀开关有二极、三极两种。胶壳刀开关的文字符号用 QS 表示,图形符号及外形如图 8-5 所示。

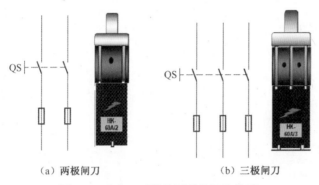

(a) 两极闸刀　　　　　　　　(b) 三极闸刀

图 8-5　胶壳刀开关的图形符号及外形

(1)胶壳闸刀开关的作用:

①主要用作电源隔离开关。

②可作小容量电动机不频繁启动与停止的操作开关。

广州市规程规定:刀开关的额定电流应按电动机额定负荷和启动电流选择,一般不小于电动机额定电流的 1.3 倍,但直接启动的刀开关不应小于 3 倍。在干燥的正常场所,电动机容量在 3 kW 及以下时,允许采用胶壳刀开关作操作开关。

(2)胶壳开关的结构

胶壳刀开关由操作手柄、熔丝、静触点(触点座)、动触点(触刀片)、瓷底座和胶盖组成,如图 8-6 所示。也就是说,胶壳刀开关一般由刀开关 QS 和熔断器(FU)组成,没有专门的灭弧装置,是利用胶木盖来防止电弧的烧伤。

5. 闸刀开关的安装及操作注意事项

(1)安装刀开关时注意:手柄要在上方,不得倒装或平装。

(2)刀开关接线图如图 8-7 所示。接线时要注意:

①上进(上桩接电源)下出(下桩接负载)。

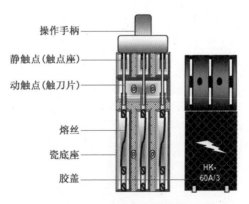

图 8-6　胶壳刀开关结构

操作手柄
静触点(触点座)
动触点(触刀片)
熔丝
瓷底座
胶盖

②两极刀开关,应按"左零右火"的规定接线。

(3)操作刀开关时注意:分合闸时必须动作要迅速,一次分合闸到位。

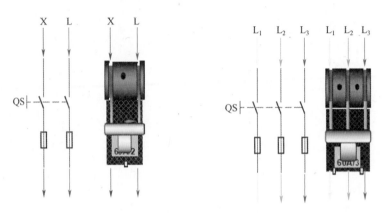

图 8-7　开关接线

6. 铁壳开关

铁壳开关也称半封闭式负荷开关,文字图形符号与刀开关相同,如图 8-8 所示。

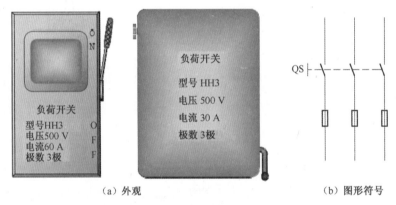

（a）外观　　　　　　　　　（b）图形符号

图 8-8　铁壳开关的外观及图形符号

(1)铁壳开关的作用:

①主要用于配电电路,作电源开关或隔离开关用。

②作 4.5 kW 及以下三相电动机直接启动运行的操作开关。

③在电动机控制电路中具有短路保护作用。

(2)铁壳开关的结构:铁壳开关由钢板外壳、动触点(触刀)、静触点(刀夹座)、储能操作机构、熔断器连锁装置及灭弧机构等组成,如图 8-9 所示。

(3)铁壳开关的操作机构有以下特点:

①采用储能合、分闸操作机构,当扳动操作手柄时通过弹簧储存能量。操作时,当操作手柄扳动到一定位置时,弹簧储存的能量就会瞬间爆发出来,推动触点迅速合闸或分闸,因此触点动作的速度很快,并且与操作的速度无关。

②具有机械连锁,当铁盖打开时,不能进行合闸操作,而当闸刀合闸后,箱盖也不能打开。

(4)铁壳开关安装接线图如图 8-10 所示。安装接线时要注意:

①电源进线接静触点(刀夹座),出线接熔断器引出端。

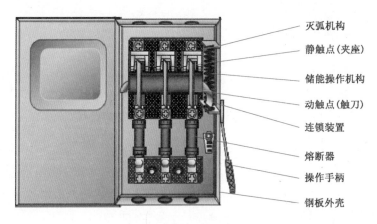

图 8-9　铁壳开关的构造

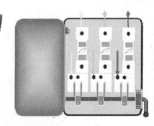

图 8-10　铁壳开关安装接线图

②外壳的接地螺钉上必须可靠接地。

（5）铁壳开关的选用：

①作为隔离开关或控制电热、照明等电阻性负载时，其额定电流等于或稍大于负载的额定电流，一般按 1.3 倍选择。

②用于控制电动机启动和停止时，其额定电流可按大于或等于两倍电动机的额定电流选取。

广州市地区的电气技术安装规程规定："在正常干燥场所，电动机容量在 4.5 kW 及以下时，允许采用铁壳开关作操作开关"。

7. 组合开关

组合开关的文字符号用 SA 表示，图形符号及其对应组合开关的接线位置则如图 8-11 所示。

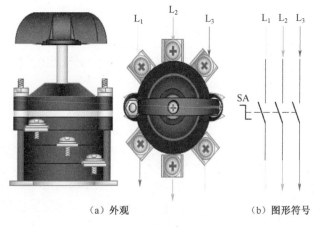

（a）外观　　　　　　（b）图形符号

图 8-11　组合开关的外观及图形符号

（1）组合开关的作用:组合开关是刀开关的另一种结构形式,也称转换开关,在设备自动控制系统中,一般用作电源引入开关或电路功能切换开关,也可直接用于控制小容量交流电动机的不频繁操作。

（2）组合开关的结构:组合开关由动触点、静触点、方形转轴、手柄、定位机构和外壳等组成,如图 8-12 所示。它的触点分别叠装在数层绝缘座内,动触点与方轴相连,当转动手柄时,每层的动触点与方轴一起转动,使动静触点接通或断开。之所以叫组合开关是因为绝缘座的层数可以根据需要自由组合,最多可达六层。

（3）组合开关的选用。选用组合开关时要按下以原则进行:

①用于一般照明、电热电路的,其额定电流应大于或等于被控电路的负载电流总和。

②当用作设备电源引入开关时,其额定电流稍大于或等于被控电路的负载电流总和。

③当用于直接控制电动机时,其额定电流一般可取电动机额定电流的 2~3 倍。

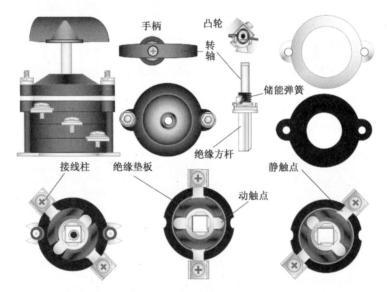

图 8-12　组合开关的结构

组合开关的通断能力较低,故不可用来分断故障电流。当用于电动机可逆控制时,必须在电动机完全停转后才允许反向接通。

（4）组合开关安装接线注意事项:

①接线时必须上进下出,参见图 8-11。

②安装要正确,当手柄旋转到水平位置时,触点断开;当手柄旋转到垂直位置时,触点导通。

③组合开关因断开时看不见触点的断开点,不能作隔离开关使用。

（二）熔断器

熔断器是一种最简单有效的保护电器,其文字符号用 FU 表示,图形符号如图 8-13（a）所示。

1. 熔断器的作用

熔断器主要用作短路保护,有时也用于过载保护。通常在动力电路中都作短路保护,在照明电路中用作过载保护。使用时,熔断器串接在所保护的电路中,作为电路及用电设备的短路和严重过载保护,当电路发生短路或严重过载时,熔断器中的熔体将自动熔断,从而切断电路,起到保护作用。

熔断器还有隔离作用,这时它应装在负荷开关的前面,只要将熔体拔出就有明显的断开点,可起隔离作用。

2. 熔断器的基本结构及工作原理

(1)熔断器的基本结构:熔断器的种类尽管很多,使用场合也不尽相同,但它们的基本结构大体相同,均由熔体和安装熔体的熔管(或熔座)两大部分组成。熔管是装熔体的外壳,用于安装和固定熔丝,它由陶瓷、绝缘纸或玻璃纤维制成,在熔体熔断时兼有灭弧作用。熔体串联在被保护电路中,它由易熔金属材料铅、锌、锡、银、铜及其合金制成,熔点温度一般在200~300 ℃左右。

(2)熔断器的工作原理:当被保护电路发生短路或严重过载时,过大的电流通过熔体,使其自身产生的热量增加,熔体温度升高,当熔体温度升高到其熔点温度时,熔体熔断,从而切断电路,起到保护作用。

3. 熔断器的种类及其适用场所

常用的低压熔断器种类有半封闭插入式熔断器(RC)、无填料封闭管式熔断器(RM)、有填料封闭管式熔断器(RT)、螺旋式熔断器(RL)、盒式熔断器、羊角式熔断器等多种形式,如图8-13所示。

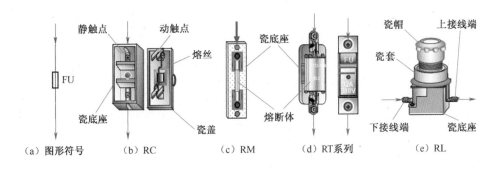

图8-13　熔断器的图形符号及种类

(1)半封闭插入式熔断器(RC):也称为瓷插式熔断器,由瓷盖、瓷底座、动触点、静触点及熔丝等五部分组成,常用的RC1A系列瓷插式熔断器的外形及结构如图8-13(b)所示。瓷插式熔断器主要用于中、小容量的控制电路和小容量低压分支电路上,作短路或过载保护。

(2)无填料封闭管式熔断器(RM):由一个熔断管(即纤维管),两个插座和一片或两片熔片(即熔体)组成,如图8-13(c)所示。无填料封闭管式熔断器的主要型号RM10系列,为可拆卸熔断器,熔体熔断后可更换。这种熔断器主要用于低压电力网及成套配电设备上,作短路或过载保护。

(3)有填料封闭管式熔断器(RT):主要由瓷底座、熔断体(俗称熔芯)两部分组成,如图8-13(d)所示。其熔体安装在瓷质熔管体内,熔管体内充满石英砂作灭弧用,也就是说熔体是由管体、熔体和石英砂组成的。其中,RT0、RT12、RT14、RT15、RT17等系列主要用于供电电路及要求分断能力较高的配电设备,作短路或过载保护。RT28用于机床电气控制设备上,作短路保护。

(4)螺旋式熔断器(RL):螺旋式熔断器是一种有填料的封闭管式熔断器,结构较瓷插式熔断器复杂。它主要由瓷底座、瓷帽、熔断管、瓷套、上接线端、下接线端等部分组成,如图8-13(e)所示。螺旋式熔断器具有较好的抗振性能,灭弧效果与断流能力均优于瓷插式熔断器,被广泛用于机床电气控制设备上,作短路保护用。

4. 熔断器接线规定

(1)半封闭插入式熔断器(RC)、无填料封闭管式熔断器(RM)、有填料封闭管式熔断器(RT)接线时要遵守上进下出的原则,即熔断器上方端子接电源进线,下方端子接电源出线,如图8-13(b)、(c)、(d)所示。

(2)螺旋式熔断器(RL)接线时要遵守低进高出的原则,即电源进线必须接到瓷底座的下接线端上,用电设备的连接线必须接到与金属螺纹壳相连的上接线端上,如图8-13(e)所示,这样在更换熔丝时,旋出瓷帽后,金属螺纹壳上就不会带电,带电更换熔芯时比较安全。

5. 熔断器的选择

(1)额定电压的选择:熔断器的额定电压要大于或等于电路实际的最高电压。

(2)熔断器额定电流的选择:熔断器的额定电流应大于或等于熔体的额定电流。说明:熔断器的额定电流实际上是指熔座的额定电流。

(3)熔体额定电流 I_{RN} 的选择:熔体的额定电流是指熔体长期通过此电流而不熔断的最大电流。

①作照明电路保护时,熔体的额定电流等于或稍大于电路的工作电流 I_L 即可,即 $I_{RN} \geq I_L$。

②当熔断器保护一台电动机时,考虑到电动机受启动电流的冲击,必须要保证熔断器不会因为电动机启动而熔断。熔断器的熔体额定电流可按下式计算:

$$I_{RN} \geq (1.5 \sim 2.5) I_N$$

式中:I_N 为电动机额定电流,轻载启动或启动时间短时,系数可取得小些,相反若重载启动或启动时间较长时,系数可取得大些。若系数取 2.5 后仍不能满足启动要求,可适当放大至 3 倍。

③当熔断器保护多台电动机时,熔体额定可按下式计算:

$$I_{RN} \geq (1.5 \sim 2.5) I_{MN} + \sum I_N$$

式中:I_{MN} 为容量最大的电动机额定电流;ΣI_N 为其余电动机额定电流之和;系数的选取方法同上。

6. 熔断器的安装使用注意事项

熔断器是常用的电器,为了保证工作可靠,在安装和使用时,必须注意以下事项:

(1)低压熔断器的额定电压应与电路的电压相吻合,不得低于电路电压。

(2)正确选择熔丝:各种电气设备应装多大的熔丝都有一定的标准,使用时应按规定正确地选择熔丝。

(3)熔断器内所装的熔丝的额定电流,只能小于或等于熔座(支持件)的额定电流,而不能大于熔管的额定电流。

(4)熔断器的极限分断能力应高于被保护电路的最大短路电流。

(5)当熔丝已熔断或已严重氧化,需更换熔丝时,应使用和原来同样材料、同样规格的熔丝,以保证动作的可靠性。千万不要随便加粗熔丝,或用不易熔断的其他金属丝去更换。

(6)安装熔丝时,必须注意压接熔丝的螺钉不要拧得太紧,以防受到机械损伤,特别是较柔软的铅锡合金丝,更要小心;也不能太松,以保证熔丝的两端接触良好,紧密连接,以免因接触电阻过大而使温度过高发生误动作。

(7)安装熔丝时,熔丝应沿螺栓顺时针方向弯入,压在垫圈下,这样当螺栓拧紧时,越拧越紧,不会被挤出,保证接触良好。

(8)更换熔丝或熔断管时,一定要切断电源,将闸刀拉开,不要带电工作,以免触电。在一般情况下,不应带电拔出熔芯,如因工作需要带电更换熔芯时,也应先将负荷侧的所有负荷切断,然后用专门的绝缘手柄更换熔管。特别注意,千万不要带负荷拔出熔管,因为熔断器的触刀和夹座不能用来切断电流,它们不能灭电弧,如果带负荷拔出熔管,在断开电路产生电弧期间,电弧不能熄灭,很容易引起事故。

(三)接触器 KM

1. 接触器的作用

接触器是一种用来频繁接通和断开交流主电路及大容量控制电路的自动切换电器。它是利用电磁、气动或液动原理,通过控制电路来实现主电路的通断。接触器具有通断电流能力强、动作迅速、操作安全、能频繁操作和远距离控制等优点,但不能切断短路电流,因此,接触器通常需与熔断器配合使用。接触器的主要控制对象是电动机,也可用来控制其他电力负载,如电焊机、电炉等。

交流接触器主要用于接通和分断电压在 1 140 V、电流 630 A 以下的交流电路。在设备自动控制系统中,可实现对电动机和其他电气设备的频繁操作和远距离控制。交流接触器的文字符号用 KM 表示。

2. 交流接触器的基本结构

交流接触器主要由电磁机构、触点系统和灭弧系统三大部分组成,除此之外,还有反作用弹簧、缓冲弹簧、触点弹簧、传动机构及外壳等其他部件,如图 8-14 所示。

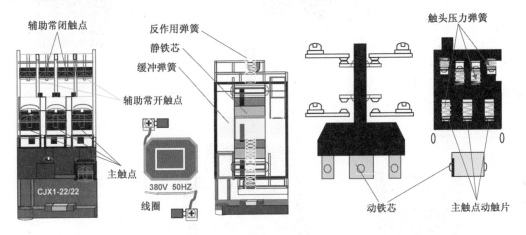

图 8-14 CJX1-22/22 交流接触器外形、结构示意图

(1)电磁机构:交流接触器的电磁机构由线圈、动铁芯(衔铁)和静铁芯组成;电磁机构一般为交流电磁机构,也可采用直流电磁机构。对于 CJ0、CJ10 系列交流接触器,大都采用衔铁直线运动的双 E 型直动式电磁机构,而 C12、CJ12B 系列交流接触器则采用衔铁绕轴转的拍合式电磁机构。

吸引线圈为电压线圈,线圈的图形符号如图 8-15(a)所示,其额定电压有 380 V、220 V、127 V、110 V 及 36 V 等多种级别。使用时,吸引线圈的额定电压应与所接控制电路的电压相一致,如果电压级别不同,线圈就会烧毁,或无法吸合衔铁,造成误动作。

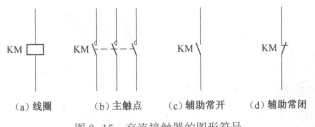

(a)线圈 (b)主触点 (c)辅助常开 (d)辅助常闭

图 8-15 交流接触器的图形符号

(2)触点系统:包括主触点和辅助触点。主触点的电流通断能力较大,主要用于通断主电路,通常为三对(三极)常开触点(触点),主触点的图形符号如图 8-15(b)所示。辅助触点用于控制

电路,起电器自锁或连锁作用,故又称连锁触点,一般有常开、常闭各两对,辅助常开触点的图形符号如图8-15(c)所示,辅助常闭触点的图形符号如图8-15(d)所示。不同型号的交流接触器,它们的线圈、主触点和辅助触点的引出位置不同,安装接线时必须注意。

①CJX1-22/22交流接触器外形、触点线圈位置如图8-16所示。

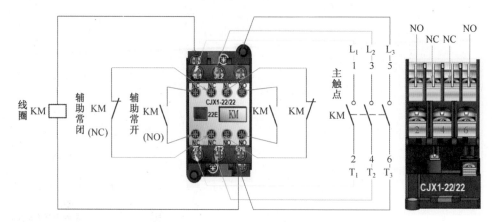

图8-16　CJX1-22/22交流接触器外形、触点线圈位置

②CJ16-20流接触器外形、触点线圈位置如图8-17所示。

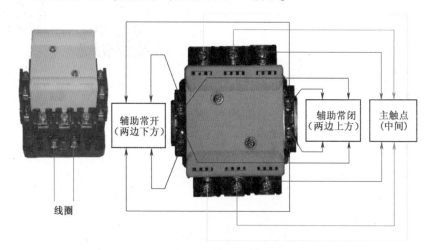

图8-17　CJ16-20交流接触器外形、触点线圈位置

③LCE-D12型交流接触器外形、触点线圈位置如图8-18所示。

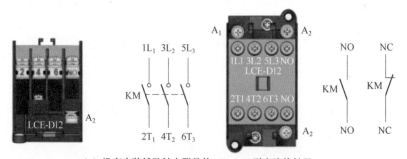

（a）没有安装辅助触点附件的LCE-D12型交流接触器

图8-18　LCE-D12型交流接触器外形、触点线圈位置

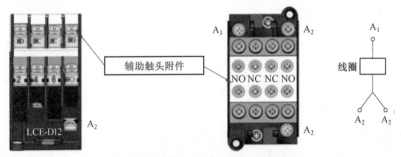

（b）安装了辅助触点附件的LCE-D12型交流接触器

图8-18　LCE-D12型交流接触器外形、触点线圈位置（续）

④CJ16-10交流接触器外形、触点线圈位置，如图8-19所示。

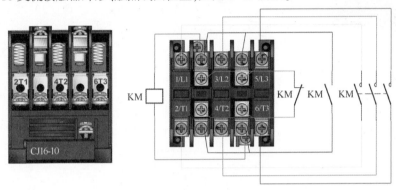

图8-19　CJ16-10交流接触器外形、触点线圈位置

（3）灭弧装置：交流接触器的触点在接通、断开过程中会产生电弧，电路中的电流越大，产生的电弧越强，强大的电弧会烧伤触点，甚至将动静触点熔合在一起，导致接触器不能正常工作。因此，交流接触器需要装设灭弧装置。额定电流在10 A以上的接触器主触点都有灭弧装置，对于小容量的接触器，常采用双断口触点灭弧、电动力灭弧、相间弧板隔弧及陶土灭弧等。对于大容量的接触器，采用纵缝灭弧罩及栅片灭弧。而辅助触点的电流容量小，不专门设置灭弧机构。

3. 交流接触器的工作原理

当KM线圈通电后，线圈电流产生磁场，使静铁芯产生电磁吸力将衔铁吸合。衔铁带动动触点动作，使常闭触点断开，常开触点闭合。当线圈失电时，电磁吸力消失，衔铁在反作用弹簧力的作用下释放，各触点随之复位。

4. 交流接触器的选择

（1）接触器的类型选择：根据接触器所控制的负载性质来选择接触器的类型。即交流负载应选用交流接触器，直流负载应选用直流接触器。

（2）额定电压的选择：接触器的额定电压应大于或等于负载回路的电压。

（3）额定电流的选择：根据电动机的额定电流选择接触器的额定电流，接触器的额定电流应不小于电动机的额定电流的1.3倍。

（4）吸引线圈的额定电压选择：吸引线圈的额定电压应与所接控制电路的电压相一致。一般情况下，为了节省变压器，当控制电路比较简单时，可选用380 V线圈；但当控制电路中的线圈数超过5 h，应采用变压器供电，线圈电压可选用127 V或110 V。考虑安全因素时，也可选用36 V线圈。

（四）热继电器

热继电器的文字符号用 FR 表示,热继电器的外形、热继电器热元件与触点的图形符号及其接线位置如图 8-20 所示。

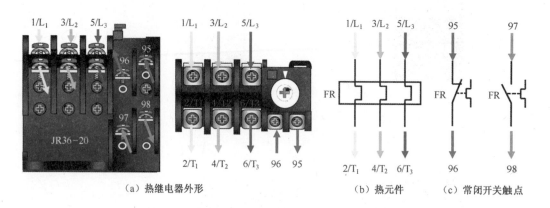

（a）热继电器外形　　　　　　　　（b）热元件　　　（c）常闭开关触点

图 8-20　热继电器的外形及其图形符号

1. 热继电器的作用

热继电器是利用电流的热效应原理,即利用电流通过发热元件时所产生的热量,使双金属片受热弯曲而推动触点动作的一种保护电器。主要用于电动机的过载保护、断相保护及电流不平衡运行保护,也可用于其他电气设备发热状态的控制。

2. 热继电器的结构

热继电器主要由发热元件、双金属片、触点三部分组成,另外还有传动机构、调节机构和复位机构等附件,如图 8-21 所示。从结构上来说,热继电器分为两极(二热元件)型和三极(三热元件)型,其中三极型又分为带断相保护和不带断相保护两种。

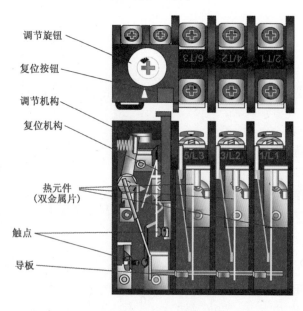

图 8-21　热继电器的结构

发热元件由电阻丝制成,使用时要注意与主电路串联(或通过电流互感器),当电流通过发热元件时,发热元件对双金属片进行加热,使双金属片弯曲。发热元件对双金属片加热方式有三种,如图 8-22 所示。

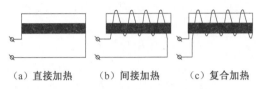

（a）直接加热　　　（b）间接加热　　　（c）复合加热

图 8-22　双金属片的中热方式示意图

双金属片是热继电器的感测元件,是热继电器的核心部件,它由两种不同线膨胀系数的金属用机械辗压而成。当它受热膨胀时,会向膨胀系数小的一侧弯曲。

3. 热继电器的工作原理

热元件串接在电动机定子绕组中,电动机绕组电流即为流过热元件的电流。当电动机正常运行时,热元件产生的热量不足以使双金属片弯曲,热继电器不动作。当电动机过载时,流过热元件的电流增大,热元件产生的热量增加,使双金属片弯曲位移增大,经过一定时间后,双金属片推动导板使热继电器触点动作,切断电动机控制电路。旋转调节旋钮,可以改变热继电器整定电流。

4. 热继电器的选用

(1)在结构型式上,一般都选用三极型结构;对于三角形接法的电动机,可选用带断相保护装置的热继电器。但对于短时工作制的电动机,过载可能性很小的电动机,可不用热继电器来进行过载保护。

(2)热继电器选用时,一般只要选择热继电器的整定电流等于或略大于电动机的额定电流即可。

(五) 控制按钮

控制按钮也称按钮开关,是一种结构简单,应用广泛的主令电器。它属于自动复位开关,通常做成复合式,复合的意思是指它至少有常开常闭触点各一对,自动复位的意思是指在外力作用下,常开触点闭合,常闭触点打开,一旦外力消失,触点立即恢复原来状态,即常开触点断开,常闭触点闭合。控制按钮的文字符号用 SB 表示,触点图形符号及其对应接线位置如图 8-23 所示。

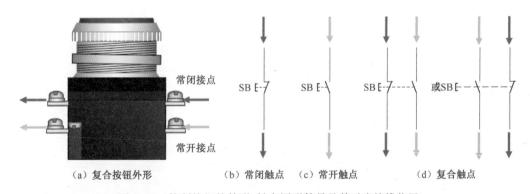

（a）复合按钮外形　　　（b）常闭触点　（c）常开触点　　　（d）复合触点

图 8-23　控制按钮的外形、触点图形符号及其对应接线位置

1. 控制按钮的作用

(1)电气控制电路中,按钮开关主要用于操纵接触器、继电器或电气连锁电路,再由它们去控制主电路,实现对各种运动的控制。

（2）控制按钮可用来作远距离控制之用。

（3）控制按钮也可用来转换各种信号电路，或实现电器连锁（互锁）。

2．控制按钮的结构

按钮一般由按钮帽（操作头）、复位弹簧、桥式触点、外壳及支持连接部件等组成，如图8-24（a）所示。

为了便于识别各个按钮的作用，避免误操作，通常在按钮帽上做出不同的标志或涂以不同的颜色，红色表示停止按钮，绿色或黑色表示启动按钮，而红色蘑菇形按钮表示"急停"按钮。

从控制按钮的结构图8-24（a）可知，当将按钮帽按到行程的中间时，常闭触点和常开触点均断开，如图8-24（b）所示。也就是说，在操作过程中的某一瞬间，常闭触点和常开触点均切断其所在回路的电源。

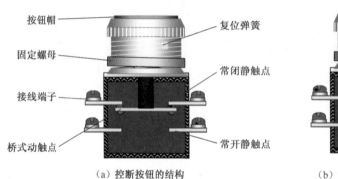

图 8-24　控制按钮的结构

3．按钮开关的选用

（1）根据使用场合，选择按钮开关的种类，如开启式、保护式、防水式和防腐式等。

（2）根据用途，选用合适的形式，如按钮式、手把旋钮式、钥匙式、紧急式和带灯式等。

（3）按控制回路的需要，确定不同按钮数，如单钮、双钮、三钮和多钮等。

（4）按工作状态指示和工作情况要求，选择按钮和指示灯的颜色。

（5）核对按钮电压、电流等指标是否满足要求。

4．控制按钮的有关注意事项

（1）红色按帽的按钮必须作停止按钮用，不能作启动按钮。

（2）按钮开关的触点允许通过的电流较小，一般不超过5A，因此，按钮开关不能直接控制大电流的主电路。

（六）电动机

电动机的文字符号用M表示，图形符号如图8-25所示。图中"3~"表示三相正弦交流电源，图8-25（a）所示的图形符号用于电动机全压启动、自耦变压器降压启动或定子绕组串电阻降压启动；图8-25（b）的图形符号用于电动机Y-△降压启动或双速电动机。

1．电动机的作用

电动机的作用是将电能转变成机械能，输出旋转力矩。

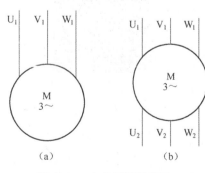

图 8-25　电动机图形符号

2. 三相笼形异步电动机的结构

三相异步电动机虽然种类繁多,但基本结构均由定子和转子两大部分组成,定子和转子之间有空气隙。图 8-26 所示为目前广泛使用的封闭式三相笼形异步电动机的结构图。

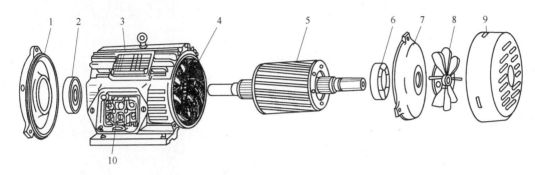

图 8-26　三相笼形异步电动机典型结构图

1—前端盖;2—前轴承;3—机座;4—定子;5—转子;6—后轴承;7—后端盖;8—风扇罩;9—风扇罩;10—接线盒

(1)定子:指电动机中静止不动的部分,它主要包括定子铁芯、定子绕组、机座、端盖、罩壳等部件。

①定子铁芯:主要作用是导磁,是电动机磁路的一部分。铁芯一般采用 0.5 mm 厚,而且表面涂有绝缘层的硅钢片叠压而成。同时在定子铁芯的内圆中有沿圆周均匀分布的槽,用于嵌放三相定子绕组。

②定子绕组:三相异步电动机定子绕组的主要作用是将电能转换为磁能,产生旋转磁场,是电动机的电路部分。它是由嵌入在定子铁芯槽中的线圈按一定规则连接而成的。

(2)转子:指电动机的旋转部分,它包括转子铁芯、转子绕组、风扇和转轴等。

①转子铁芯:作为电动机磁路的一部分,并放置转子绕组。转子铁芯一般采用 0.5 mm 厚,而且表面涂有绝缘层的硅钢片叠压而成,硅钢片的外圆冲有均匀分布的孔,用来安置转子绕组。定子及转子铁芯冲片如图 8-27 所示。

②转子绕组:用来切割定子旋转磁场,产生感应电动

（a）转子冲片　　　（b）定子冲片

图 8-27　定子转子冲片

势和电流,并在旋转磁场的作用下受力而使转子转动,也就是说转子绕组的作用是将磁能转换为电能,再将电能转换为机械能。转子绕组分笼形转子和绕线型转子两类,笼形和绕线形异步电动机即由此得名。

3. 电动机定子绕组的接线方式

定子绕组有一组结构完全对称的绕组线圈,每相一组,共有 6 根引出线端,U_1、V_1、W_1 为首端,U_2、V_2、W_2 为尾端,它们分别连接到电动机机座外部接线盒内的规定位置的端子上,然后根据需要接成星形连接(Y 接)或三角形(△接)连接,如图 8-28 所示。也可将 6 个出线端接入控制电路中,实现星形与三角形的换接。

电动机的三个定子绕组具体采用哪一种接线方式,要根据电动机铭牌上的额定电压确定。当铭牌上的额定电压为 220 V 时,电动机定子绕组必须采用星形连接(Y 接)连接方式,如采用三角形连接(△接),加到绕组上的电压为 380 V,远超额定电压,电动机会烧毁;当铭牌上的额定电压为

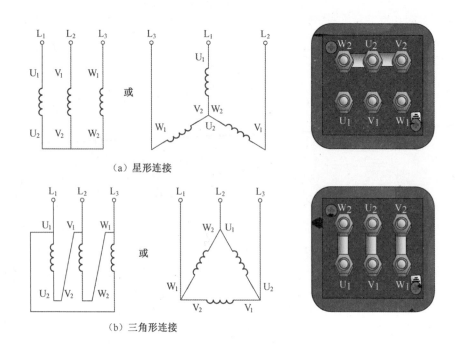

（a）星形连接

（b）三角形连接

图 8-28　三相笼形异步电动机三相绕组出线端的连接

380 V 时,电动机定子绕组应必须三角形连接(△接)连接方式,如采用星形连接(Y 接),电动机长时间工作会烧毁。

注意:电动机铭牌上的额定电压是指每个绕组线圈的额定电压。

4. 电动机的旋转方向与转速

(1)电动机的旋转方向:电动机的旋转方向与定子绕组产生的旋转磁场方向相同。当定子绕组的首端 U_1、V_1、W_1 分别接 L_1、L_2、L_3 时,旋转磁场顺时针旋转,即电动机正转;当任意两相的电源相序调换时,旋转磁场逆时针旋转,即电动机反转。当电源缺一相电源时,电动机会发出"嗡嗡"响声,不能转动。

(2)电动机的转速:

①旋转磁场的转速。旋转磁场的转速为:

$$n_1 = 60f/P$$

式中: n_1 ——旋转磁场的转速(r/min),又称同步转速;

f ——交流电的频率(Hz);

P ——电动机的磁极对数。

②电动机的转速:转子的转速 n 一定要小于旋转磁场的转速 n_1,异步电动机的"异步"就是指电动机转速 n 与旋转磁场转速 n_1 之间存在差异,两者的步调不一致。

把异步电动机旋转磁场的转速 n_1 与电动机转速 n 之差与旋转磁场转速之比称为异步电动机的转差率 S,即: $S = (n_1 - n)/n_1$。三相异步电动机在额定状态(即加在电动机定子三相绕组上的电压为额定电压,电动机输出的转矩为额定转矩)下运行时,额定转差率 S_N 约在 0.01 ~ 0.05 之间。

三、电动机正转控制电路的工作原理

图 8-29 所示为接触器控制电动机正转(单方向运行)的主电路与控制电路。电路的工作原理

（操作运行过程）如下：

（一）合上电源开关 QS

合上电源开关 QS，电动机控制电路接通电源，但因 SB$_2$ 常开触点和 KM 辅助常开触点打开，KM 线圈不得电，KM 主触点继续打开，电动机不动作，如图 8-29（a）所示。

（二）电动机启动

按下启动按钮开关 SB$_2$，SB$_2$ 常开触点接通，KM 线圈得电，主触点闭合，电动机得电旋转，如图 8-29（b）所示。

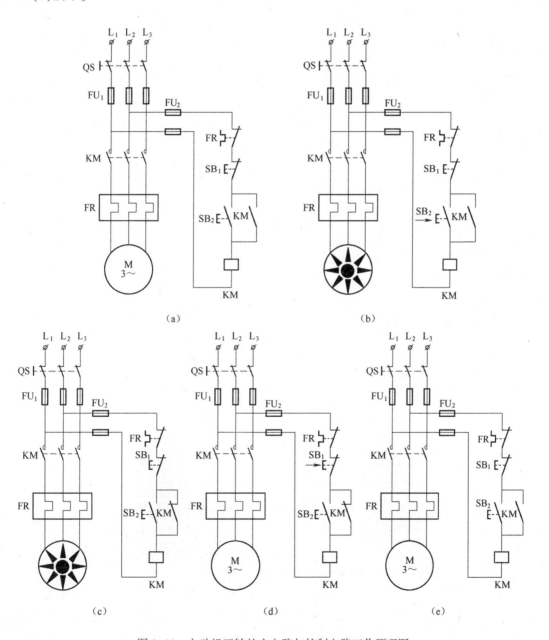

图 8-29　电动机正转的主电路与控制电路工作原理图

(三)电动机运行

在 KM 线圈得电、KM 主触点闭合的同时,KM 辅助常开触点也闭合,当松开启动按钮 SB₂ 时,虽然启动按钮 SB₂ 的常开触点断开,但 KM 线圈通过其自身的闭合的辅助常开触点仍接通电源,接触器 KM 实现自锁,主触点和辅助常开触点仍闭合,电动机继续运转,如图 8-29(c)所示。

(四)电动机停止运行

按下停止按钮 SB₁,SB₁ 常闭触点断开,切断 KM 线圈电源,KM 主触点断开,切断主电路电源,电动机停止运行;与此同时,辅助常开触点断开,切断自锁回路,如图 8-29(d)所示。当松开停止按钮 SB₁ 后,因启动按钮 SB₂ 常开触点和 KM 辅助常开触点断开,KM 线圈不能得电,KM 主触点不能闭合,电动机仍停止运行,如图 8-29(a)所示。

(五)过载保护过程

当电动机过载时,经一定时间延时后,热继电器 FR 的动断触点断开,切断控制电路电源,接触器 KM 线圈失电,KM 辅助常开触点断开,自锁解除,同时主触点断开,切断主电路电源,电动机停止运行,如图 8-29(e)所示。

接触器本身具有失压和欠压保护功能。所谓失压和欠压保护是指当控制电源停电或电压降低至定值时,接触器将自动释放,因此,不会造成不经启动而直接吸合接通电源的事故。

四、机床电气电路的配线方式

常用机床电气电路类型多,涉及面广,但其电路板的配线方式只有板前明配线(立体配线)和板前线槽配线两种。

(一)板前明配线(立体配线)

立体配线用于机床电气电路板,立体配线的步骤及注意事项详见项目二配电箱(板)的配线章节。

(二)板前线槽配线

常用于机床电气电路板。板前线槽配线的工艺要求及方法如下:

(1)各电器元件与走线槽之间的外露导线,要尽可能做到横平竖直。同一电器元件中同一平面的接线端子和相同型号电器元件中位置一致的接线端子,其引出或引入的导线,应敷设在同一平面上,并应做到高低一致或前后一致,如图 8-30 所示。

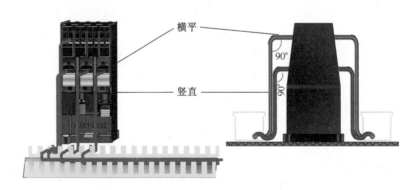

图 8-30　板前线槽配线

(2)线槽内导线的总截面积(包括绝缘)不要超过线槽容量的 70%,线槽内的导线尽量不要交叉,以便盖上线槽盖、装配和维修。

（3）所有导线的截面积应≥1 mm²，在振动的场所，导线必须采用软线。

（4）除间距很小的进出入导线允许直接架空敷设外，其他导线必须经过线槽进行连接。

（5）电器元件接线端子引出导线的走向规定：

①元件水平中心线以上的接线端子，其引出导线必须从元件的上方纵向进入线槽。

②元件水平中心线以下的接线端子，其引出导线必须从元件的下方纵向进入线槽。

③任何导线都不允许从水平方向进入线槽内。

五、常用机床电气电路的安装步骤及安装要求

（一）常用机床电气电路的安装步骤

（1）在电气原理图上编写线号。

（2）按电气原理图及负载电动机功率的大小配齐电器元件，检查电器元件。检查电器元件时，应注意以下几点：

①外观检查：检查外壳有无裂纹，各接线桩螺栓有无生锈，零部件是否齐全等。

②电器元件的电磁机构动作是否灵活，有无衔铁卡阻等不正常现象。用万用表检查电磁线圈的通断情况。

③检查电器元件触点有无熔焊、变形、严重氧化锈蚀现象，触点是否符合要求。核对各电器元件的电压等级、电流容量、触点数目及开闭状况等。

（3）确定电器元件安装位置，固定、安装电器元件，绘制电气接线图。在确定电器元件安装位置时，应做到既方便安装、布线，又要考虑到便于检修。

（4）按图安装布线。

（二）安装要求

（1）电器元件固定应牢固、排列整齐，防止电器元件的外壳压裂损坏。

（2）按电气接线图确定的走线方向进行布线。可先布主回路线，也可先布控制回路线。

（3）所有与接线端子连接的导线的两端头，都应套有与原理图上相应节点编号一致的编码套管，号码书写方向一致，如图8-31所示。

图 8-31　编码套管

（4）接线端子必须与导线截面积和材料性质相适应。当接线端子不适合连接软线或较小截面积的软线时，可以在导线端头穿上针形或叉形轧头并压紧。

（5）一个接线端子最多只能接两根导线，连接必须牢靠，不得松动，露出线芯不应超过2 mm。

六、机床电气电路的接线方法与通电试验

（一）机床电气电路的接线方法

机床电气电路的接线方法有回路法接线和节点法接线两种，在现实生产中，均采用节点法接线。

1. 回路法接线

机床电气电路是由很多回路组成的，接机床电气电路时，可按每一个回路为一个单元接线，按从左到右的顺序接完一个回路紧接着接下一个回路，直到所有回路接完为止，这种接线方法称回

路法接线。此方法对于初学者来说,可能较容易接受,但出现接错线、漏接线等现象,而且布线不易合理,容易走冤枉路,拧螺钉的次数会增加较多。

2. 节点法接线

按原理图上节点编号顺序接线,将同一编号(同一节点)的所有导线按由近至远的原则短接起来,再接下一节点的导线,直到将所有节点的导线接完为止,这种接线方法叫作节点法接线。节点接线的优点是不易接错线和接漏线,布线容易合理,易实现就近取电的原则,而且拧螺钉的次数比回路法接线少。

(二)通电前的检查

控制电路接线完毕后,必须经过认真检查认无误后,才能通电试车,以防止错接、漏接造成不能实现控制功能或短路事故。检查内容有:

(1)按电气原理图从电源端开始,逐段核对连接导线的编号。重点检查主回路有无漏接、错接及控制回路中容易接错之处,检查导线压接是否牢固,接触是否良好,以免带负载运转时产生打弧现象。

(2)用万用表检查电路的通断情况。可先断开控制回路,用欧姆挡检查主回路有无短路现象。然后,断开主回路再检查控制回路有无开路或短路现象,自锁、连锁装置的动作是否可靠。

(3)用 500 V 兆欧表检查电路的绝缘电阻,绝缘电阻不应小于 1 MΩ。

(三)通电试运转

为保证人身安全,在通电试运转时,应认真执行安全操作规程的有关规定,一人监护,一人操作。试运转前,应检查与通电试运转有关的电气设备是否有不安全的因素存在,查出后应立即整改,方能试运转。

(1)空载试运转:不带负载(电动机)通电试验。

①接通三相电源,合上电源开关,用电笔检查熔断器出线端,氖管发亮表示电源接通。

②按动操作按钮,观察接触器动作情况是否正常,并符合电路功能要求。

③观察电器元件动作是否灵活,有无卡阻及噪声过大等现象,有无异味。

④检查负载接线端子三相电压是否正常。

⑤经反复几次操作,均正常后方可进行带负载试运转。

(2)带负载试运转:

①断开电源总开关和电路板 QS,拔出电源线插头。

②应先接上检查完好的电动机连线后,再接三相电源线,检查接线无误后,再合闸送电。

③按控制原理启动电动机。

④当电动机平稳运行时,用钳表测量三相电流是否平衡。

⑤通电试运行完毕,停转、断开电源,先拆除三相电源线,再拆除电动机线,完成通电试运转。

电气控制系统图是电气技术人员统一使用的工程语言。为了表达电气控制系统的设计意图,分析系统的工作原理,方便设备的安装、调试、检修,电气控制图样必须采用一定的格式系统和统一的图形和文字符号来表达。因此,电气制图应根据国家标准,用规定的图形符号、文字符号,以及规定的画法绘制。电气控制系统图包括电气原理图及电气安装图(电器位置图、电气安装接线图和电气互连图)等。

一、电气控制系统图的图形文字符号及绘制电气图的注意事项

(一)对图形、文字符号要求

在电气控制电路电气图中,各种控制元件、器件的图形符号必须符合 GB/T 4728.1—2005 的标准;各种控制元件、器件的文字符号可参考《技术产品及技术产品文件结构原则　字母代码　按项目用途和任务划分的主类和子类》(GB/T 20939—2007)的标准。项目七中表 7-11 列出了部分常用的电气图形符号和文字符号,实际使用时需要更多更详细的资料,请查阅相关国家标准。

(二)绘制电气控制电路电气图的注意事项

在绘制电气图时,除了必须根据国家标准,用规定的图形符号、文字符号,以及规定的画法绘制以外,同时还应注意以下事项:

(1)线条粗细可依国家标准放大或缩小,但同一张图样中,同一符号的尺寸应保持一致,各符号间及符号本身比例应保持不变。

(2)标准中给出的符号方位,在不改变符号含义的前提下,可根据图面布置的需要旋转或成镜像位置,但文字和指示方向不得倒置。

(3)大多数符号都可以附加补充说明标记。

(4)有些具体器件的符号可以由设计者根据国家标准的符号要素,用一般符号和限定符号组合而成。

(5)国家标准未规定的图形符号,可根据实际需要,按特殊特征、结构简单、便于识别的原则进行设计,但需要报国家有关管理部门备案。当采用其他来源的符号或代号时,必须在图解和文字上说明其含义。

二、电气控制电路节点编号的标注方法

为了便于电气工作人员安装施工或检修故障,电气主电路和控制电路的各个节点都必须加以编号(见图 8-1)。

(一)主电路各节点编号的标注方法

(1)三相交流电源引入线采用 L_1、L_2、L_3 标记。

(2)电源开关之后的三相交流电源主电路分别用 U_1、V_1、W_1 加阿拉伯数字 1、2、3 等标记,即主电路的标注方法是:相序加节点数为该接点的编号,节点数按从上到下、从左到右的规律按自然数编写,例如,电源开关之后的第一个接点用 U_{11}、V_{11}、W_{11} 标注,第二个节点用 U_{12}、V_{12}、W_{12} 标注,直到所有节点编写完为止。

(3)控制电路只有单台电动机时,三相绕组的首端分别用 U_1、V_1、W_1 标注,末端用 U_2、V_2、W_2 标注;如果有两台或多台电动机,那么按从左到右的顺序,在电动机绕组首末端前面加上相应的编号数字即可,即左边数起,第一台电动机的绕组首端标注为:$1U_1$、$1V_1$、$1W_1$,末端为 $1U_2$、$1V_2$、$1W_2$;第二台电动机的绕组首端标注为:$2U_1$、$2V_1$、$2W_1$,末端为 $2U_2$、$2V_2$、$2W_2$。

(4)当主电路出现"0"电位节点时,用 Y_0 标注。

(二)控制回路各节点编号的标注方法

(1)控制电路采用阿拉伯数字编号,按照从上到下,从左到右的规律按自然数编写,直到所有节点编写完为止。

(2)如果控制电路出现不同电压的回路,应按"等电位"的原则分段编写,最大的编号一般不超过 3 位数。

（3）控制电路出现零电位的节点或线圈与熔断器之间的节点，其编号用"0"标注。

注意：标注标号时，凡是被线圈、触点、熔断器、电阻、电容、电感、或其他电路元件所间隔的线段，都应标以不同的编号；但凡是从同一个元件的出线端引接到另一个或几个元件进线端的线段，即分支线都必须标注同一编号。

三、电气控制系统图的绘制原则

电气控制系统图包括电气原理图及电气安装图（电器位置图、电气安装接线图和电气互连图）等。

（一）电气原理图的绘制原则

用图形符号和文字符号（接点标号）表示电路各个电器元件连接关系和电气工作原理的图称为电气原理图。由于电气原理图结构简单、层次分明、适用于研究和分析电路工作原理，因此在设计部门和生产现场得到广泛的应用。在绘制电气原理图时，应遵循以下原则：

（1）电气原理图中所有电气元件的图形、文字符号都必须采用国家规定的统一标准。

（2）电气元件采用分离画法。也就是说，同一电气元件的各部件可以不画在一起，但必须用同一文字符号标注。若有多个同一种类的电气元件时，可在文字符号后加上数字序号以示区别，如 KM_1、KM_2 等。

（3）所有按钮或触点均按没有外力作用或线圈未得电时的状态画出。当图形垂直放置时，触点状态以"左开右闭"的原则绘制，即垂线左侧的触点为"常开"，垂线右侧的触点为"常闭"；图形水平放置时，则以"上闭下开"的原则绘制，即在水平线上方的为"常闭"，水平线下方的为"常开"。

（4）原理图上应标出各个电源电路的电压值、极性或频率及相数；某些元器件还应标注其特性（如电阻、电容的数值等）；不常用的电器（如位置传感器、手动开关触点等）要标注操作方式和功能等。

（5）电气控制电路通过电流的大小分为主电路和控制电路。主电路包括从电源到电动机的电路，是大电流通过的部分，画在原理的左边。控制电路通过的电流较小，由按钮、电器元件线圈、接触器辅助触点、继电器触点等组成，画在原理图的右边。

（6）动力电路的电源电路绘成水平线，主电路则应垂直电源电路画出。直流电源的正极画在上方，负极画在下方；三相五线制交流电源线的相序自上而下依次为 L_1、L_2、L_3、N（中性线）、PE（保护线）进行排列。垂直的主电路一般从左到右依次按 U、V、W 排列。

（7）控制电路应垂直地绘在两条或几条水平电源线之间。耗能元件（如线圈、电磁铁、信号灯等）应直接接在下面电源线上侧，控制触点则接在上方电源线与耗能元件之间。

（8）为方便阅图，图中自左至右，从上而下表示动作顺序，并尽可能减少线条数量和避免交叉。

（9）在原理图上将图分成若干图区，并标明每一区域电路的用途与作用。通过图样下方的图区数字，可以快速地找到相关元件各部件的对应位置，达到方便、快速读图的目的，通过图样上方相关图区文字的说明，快捷了解该区域电路的用途、作用、功能等。

图 8-32 所示为 CW612 型普通车床电气原理图。

（二）电气安装图的绘制原则

电气安装图用来表示电气控制系统中各电器元件的实际安装位置和接线情况。它有电器位置图、安装接线图和互连图三部分，主要用于施工和检修。

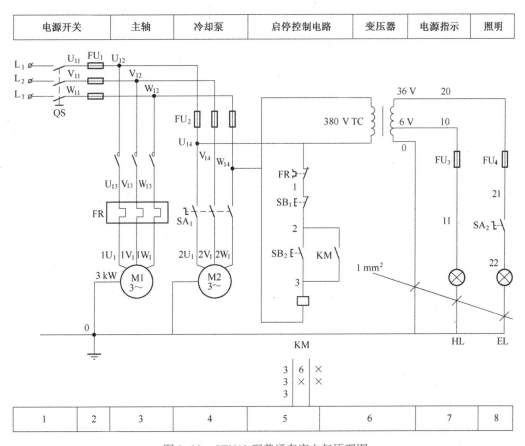

图 8-32 CW612 型普通车床电气原理图

1. 电器位置图的绘制要求

电器元件位置图反映各电器元件的实际安装位置,各电器元件的位置根据元件布置合理、连接导线经济,以及检修方便等原则安排。控制系统的各控制单元电器元件布置图应分别绘制。

电器元件位置图中的电器元件用实线框表示,不必画出实际图形或图形代号。图中各电器代号应与相关电路和电器清单上所列元器件代号相同。在图中往往留有 10% 以上的备用面积及导线管(槽)的位置,以供走线和改进设计时用。图中还需标注必要的尺寸。CW612 型普通车床电器元件位置图如图 8-33 所示。

2. 电气安装接线图的绘制原则

电气安装接线图用来表明电气设备各控制单元内部元件之间的接线关系,是实际安

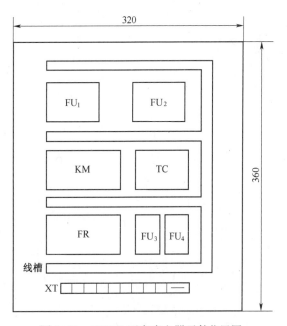

图 8-33 CW612 型车床电器元件位置图

装接线的依据。在具体施工和检修中能起到电气原理所起不到的作用,主要用于生产现场。图 8-34 所示为 CW612 型普通车床控制板安装接线图。绘制电气安装接线图时应遵循以下原则:

(1)各电气元件用规定的图形和文字符号绘制,同一电气元件的各部分必须画在一起,其图形、文字符号及端子板的编号必须与原理图一致。各电气元件的位置必须与电气元件位置图中的位置相对应。

(2)不在同一控制柜、控制屏等控制单元上的电气元件之间的电气连接必须通过端子板进行。

(3)电气安装接线图中走线方向相同的导线用线束表示,连接导线应注明导线规格(数量、截面积等);当采用线管走线时,需留有一定数量的备用导线,线管还应标明尺寸和材料。

(4)电气安装接线图中导线走向一般不表示实际走线途径,施工时由操作者根据实际情况选择最佳走线方式。

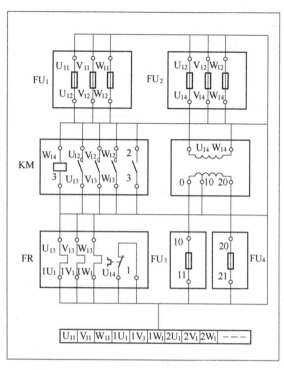

图 8-34 CW612 型车床控制板安装接线图

3. 电气互连图的绘制原则

电气互连图是把反映电气控制设备各控制单元(控制屏、控制柜、操作按钮等)与用电的电动机装置(电动机等)之间的电气连接。它清楚地表明了电气控制设备各单元的相对位置及它们之间的电气连接。当电气控制较为简单时,可将各控制单元安装接线图和电气互连图合二为一,统称为安装接线图,图 8-35 所示为 CW612 型普通车床电气互连图。绘制电气互连图时应遵循以下原则:

(1)电气控制设备各控制单元可用点画线框表示,但要标明接线板端子标号。

(2)电气互连图上应标明电源引入点。

其他原则与安装接线图绘制原则中的(3)、(4)相同。

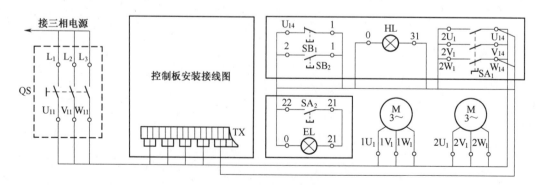

图 8-35 CW612 型普通车床电气互连图

1. 训练目的

了解三相异步电动机直接启动的方法,掌握三相异步电动机单向直接启动运行控制电路的安装接线与调试操作技能。

2. 训练器材

(1)常用电工工具1套。

(2)万用表1个、500 V兆欧表1个。

(3)电路安装板1块,导线、紧固件、塑槽、号码管、导轨等若干。

(4)电气元件明细表如表8-1所示。

表8-1　三相异步电动机单向运行控制电路电器元件明细表

代　号	名　　称	型　号	规　　格	数　量
M	三相异步电动机	Y2-100L1-4	2.2 kW、380 V、5.1 A、1 430 r/min	1
QF	空气开关	DZ-10	三极、10 A	1
FU1	熔断器	RT1-15	500 V、15 A、配10 A熔芯	3
FU2	熔断器	RT1-15	500 V、15 A、配2 A熔芯	2
KM	交流接触器	CJ10-10	10 A、线圈电压380 V	1
FR	热继电器	JR16-20	三极、20 A、整定电流5.1 A	1
SB1、SB2	按钮	LA4-2H	保护式、500 V、5 A、按钮数2	1
XT	端子板	JX2-1015	500 V、10 A、15节	1

三相异步电动直接启动正转控制电路原理图,参见图8-4;电器布置图如图8-36所示。

3. 训练步骤

(1)按元件明细表将所需器材配齐并检查元件质量。

(2)在电路安装板上按图8-36安装所有电器元件及塑槽。

(3)在工作原理图8-4上对主电路和控制回路进行标注。

(4)接主电路,连接前每根连接线的两端应先套入号码管;空气开关电源进线从端子板引接,热继电器到电动机的连接线也接到端子板即止。

(5)接控制回路,连接前每根连接线的两端也应先套入号码管;从各电器元件与按钮SB$_1$、SB$_2$的连接线,也接到端子板即止。

(6)连接按钮SB$_1$、SB$_2$内部的连接线,并引出与其他电气元件的连接导线(每根连接线的两端也要套入号码管),然后对号接到端子板相应的端子上。

(7)检查电路接线的正确性。

(8)经指导老师检查后,进行不带电动机的通电校验,观察交流接触器的动作情况。

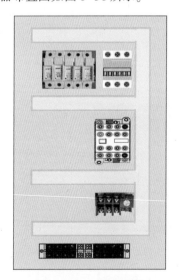

图8-36　电器布置图

(9)证明接线正确后,接入电动机,进行负载通电校验,观察电动机的运转情况。

4. 训练注意事项

(1)紧固电气元件要受力均匀、紧固程度适当,以防止损坏元件。

(2)布线要平直整齐,走线合理,符合工艺要求。

(3)接头不得松动,线芯露出符合规定,不压绝缘层,平压式接桩的导线不反圈。

(4)通电时,必须得到指导老师同意,经初检后,由指导老师接通电源,并在现场进行监护。

(5)通电时出现故障,应立即停电并进行检修,若需带电检查,必须有指导老师在现场监护。

测试题

1. 试述机床控制电路原理的组成部分及其作用。

2. 试述铁壳开关的作用及其结构特点。

3. 熔断器在主电路中起什么作用?

4. 试述热继电器的工作原理及其作用。

5. 试述电动机正转控制电路的工作原理。

6. 试述机床电气电路的接线方法及其优缺点。

项目 **九** 电动机正转、点动控制电路的安装与调试

在机床电气控制电路中,除了控制电动机的正转之外,还经常用到点动控制,让电动机点动工作,如 CA6140 型卧式车床的立柱松紧控制、Z37 摇臂钻床的刀架快速移动等,均用到点动功能。电动机(机床)控制电路在使用或在安装接线过程中,难免不出现故障,因此,掌握机床电气控制电路故障检修方法十分重要。控制三相交流异步电动机正转、点动控制电路也是最基本的、最典型的电动机控制电路之一。通过本项目的学习,能进一步熟知电动机控制电路中低压电器的作用、图形符号及其元件的位置,掌握电动机正转、点动控制工作原理,进一步提高接线工艺,为以后继续学习电动机其他控制电路打下扎实的基本功。

学习目标

(1)进一步熟知各低压电器的线圈、触点的位置及其图形符号。
(2)熟知电动机正转、点动控制电路的工作原理。
(3)提高电动机控制电路安装接线工艺技术。
(4)掌握电动机(机床)控制电路故障检修方法。

项目情境

本项目的教学建议:在讲授电路工作原理时,通过 PPT 课件,显示出电动机控制电路在动作过程中各导线的带电情况,并利用已安装好的电动机正转、点动控制电路板,边讲边操作,理论与实践相结合,提高学生的感性认识。在讲授电动机(机床)控制电路故障检修时,现场设置故障,分析故障现象再进行处理故障,学生更容易接受。

相关知识

一、电动机正转、点动控制电路的工作原理

图 9-1 所示为接触器控制电动机正转、点动的主电路与控制电路。下面对这个控制电路的主电路、控制电路和工作原理进行分析:

(一)电动机正转、点动控制电路分析

1. 主电路分析

从图 9-1 可以看出,电动机正转、点动控制电路的主电路与电动机正转(单向运行)的主电路相同,均由电源(隔离)开关 QS、熔断器 FU、接触器 KM 主触点、热继电器 FR 和三相电动机组成。

（1）电源（隔离）开关 QS：作用有两个：其一，为控制电路引入电源，作电源开关用；其二，停电检修时作隔离开关用，使电路有明显的断开点，以保证检修工作人员的人身安全。

（2）熔断器 FU：熔断器属于保护电器，在电动机控制电路中作短路保护用，当主电路的导线、电气元件或电动机发生短路时，熔丝熔断，切断主电路电源。

（3）接触器 KM 主触点：用于切断或接通主电路电源，作电动机操作开关。接触器 KM 主触点受 KM 线圈控制，KM 线圈得电，接触器 KM 主触点闭合，电动机接入电源开始起接触器 KM 主触点动运行；KM 线圈失电，接触器 KM 主触点断开，电动机失电停止运行。

（4）热继电器 FR：热继电器属于保护电器，在电动机控制电路中作过载保护，防止电动机长时间过载运行。当电动机过载运行时，热继电器的动断（常开）触点断开，切断 KM 线圈的电源，接触器 KM 主触点即随断开，电动机停止运行。

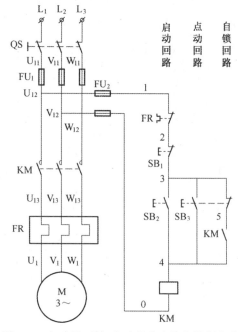

图 9-1　电动机正转、点动的主电路与控制电路

（5）电动机 M："3～"表示三相交流电源，电动机的作用是将电能转换成机械能，输出转矩。电动机定子的三相绕组首端 U_1、V_1、W_1 分别接 L_1、L_2、L_3，电动机正转运行。

2. 控制电路分析

电动机正转、点动控制电路由三个回路组成，分别是启动回路、点动回路和自锁回路。

启动回路由熔断器 FU_2、热继电器 FR 常闭触点、停止按钮 SB_1 常闭触点、启动按钮 SB_2 常开触点和 KM 线圈组成。

点动回路由熔断器 FU_2、热继电器 FR 常闭触点、停止按钮 SB_1 常闭触点、点动按钮 SB_3 常开触点和 KM 线圈组成。

自锁回路由熔断器 FU_2、热继电器 FR 常闭触点、停止按钮 SB_1 常闭触点、点动按钮 SB_3 常闭触点、KM 辅助常开触点和 KM 线圈组成。

从图 9-1 中可以看出，这三个回路共用熔断器 FU_2、热继电器 FR 常闭触点、停止按钮 SB_1 常闭触点和 KM 线圈。

（1）熔断器 FU_2：起短路保护作用，当控制电路的导线或电器元件发生短路时，其熔丝熔断，切断控制电路的电源，KM 线圈失电，KM 主触点断开，电动机失电停止运行。

（2）热继电器 FR 常闭触点：当电动机过载时，热继电器 FR 常闭触点断开，切断控制电路的电源，电动机停止运行。

（3）停止按钮 SB_1 常闭触点：停止按钮采用红色按帽按钮，用于停机。当按下红色按钮 SB_1 时，其常闭触点断开，切断控制电路电源，电动机停止运行。

（4）启动按钮 SB_2 常开触点：用于启动电动机，当按下按钮 SB_2 时，按钮 SB_2 常开触点接通，KM 线圈得电，接触器 KM 动作，其主触点闭合，电动机得电开始启动。

（5）KM 线圈：当 KM 线圈得电时，接触器 KM 动作，其主触点和辅助常开触点闭合，辅助常闭触点断开；当 KM 线圈得失时，接触器 KM 恢复原状态，即其主触点和辅助常开触点断开，辅助常闭触点闭合。

（6）点动按钮 SB_3 常开触点：所谓点动，就是当按下按钮 SB_3 时，其常开触点闭合，KM 线圈得电，KM 主触点闭合，电动机得电转动；当松开按钮 SB_3 时，其常开触点断开，KM 线圈失电，KM 主触点断开，电动机停转。

（7）KM 辅助常开触点：接触器 KM 自锁用，即当 KM 线圈得电后，KM 辅助常开触点闭合，此时开始，KM 线圈电源不需由启动按钮常开触点提供，而是由接触器 KM 已经闭合的辅助常开触点提供，只要不人为按下停止按钮 SB_1，KM 线圈永远得电动作，也就是说接触器 KM 利用自己的触点锁住了自己。

（8）点动按钮 SB_3 常闭触点：与接触器 KM 自锁触点串联，目的是在进行点动操作时，切断自锁回路，导致接触器 KM 不能自锁，实现点动功能。

（二）电动机正转、点动控制电路的工作原理（动作过程）

电动机正转、点动控制电路的工作原理（操作运行过程）如下：

1. 合上电源开关 QS

合上电源开关 QS，电动机正转、点动控制电路接通电源，但因 SB_2 常开触点和 KM 辅助常开触点打开，KM 线圈不得电，KM 主触点继续打开，电动机不动作，如图 9-2（a）所示。

2. 电动机启动

按下启动按钮开关 SB_2，SB_2 常开触点接通，KM 线圈得电，主触点和辅助常开触点闭合，电动机得电旋转，如图 9-2（b）所示。

3. 电动机运行

当松开启路按钮 SB_2 时，虽然启动按钮 SB_2 的常开触点断开，启动回路被切断，但 KM 辅助常开触点已闭合，点动按钮 SB_3 常闭触点也闭合，自锁回路导通，KM 线圈仍接通电源，接触器 KM 实现自锁，主触点和辅助常开触点仍闭合，电动机继续运转，如图 9-2（c）所示。

4. 电动机停止运行

按下停止按钮 SB_1，其常闭触点断开，切断 KM 线圈电源，KM 主触点断开，切断主电路，电动机停止运行；与此同时，辅助常开触点断开，切断自锁回路，如图 9-2（d）所示。当松开停止按钮 SB_1 后，虽然其常闭触点恢复闭合，因启动按钮 SB_2 常开触点、点动按钮 SB_3 常开触点和 KM 辅助常开触点断开，KM 线圈不能得电，KM 主触点不能闭合，电动机仍停止运行，如图 9-2（a）所示。

5. 电动机点动

（1）点动开始：

①如果在电动机运转状态下进行点动，当按下点动按钮 SB_3，其常闭触点断开，但常开触点还未接通的瞬间，启动回路、点动回路和自锁回路均被切断，KM 线圈失电，KM 主触点断开，电动机停止运行，如图 9-2（e）所示。

②当将点动按钮 SB_3 按到底时，其常开触点闭合，接通点动回路，KM 线圈得电，KM 主触点闭合，电动机得电运行，点动开始进行。同时，KM 辅助常开触点也闭合，但因 SB_3 常闭触点断开，自锁回路仍断开，如图 9-2（f）所示。

（2）点动结束：松开点动按钮 SB_3，在按钮 SB_3 常闭触点断开，但常开触点还未接通的瞬间，启动回路、点动回路和自锁回路均被切断，KM 线圈失电，KM 主触点断开，电动机停止运行，如图 9-2（e）所示，点动结束。当按钮 SB_3 常闭触点接通时，由于 KM 自锁辅助常开触点已断开，自锁回路被切断，KM 线圈无法得电，KM 主触点仍断开，电动机继续停止运行。

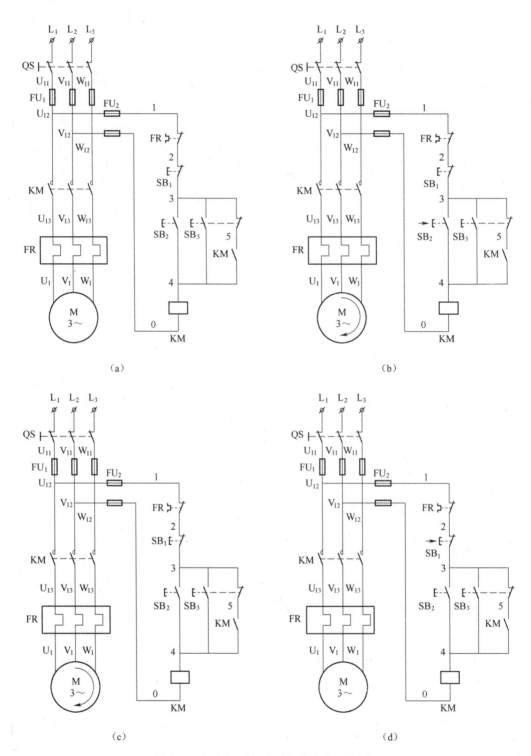

图 9-2 电动机正转、点动控制电路工作原理

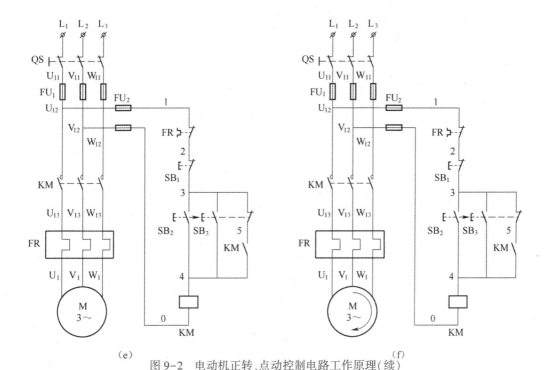

（e）　　　　　　　　　　　　　　　（f）

图 9-2　电动机正转、点动控制电路工作原理（续）

二、电动机(机床)控制电路的故障检修

(一) 电动机(机床)控制电路故障检修的方法步骤

1. 收集、了解故障现象

当机床发生故障后,切忌盲目随便动手检修,在检修前必须向机床工作人员收集故障现象,了解故障前后的操作情况和故障发生后出现的异常情况,以便初步诊断故障类型,进而准确地排除故障。主要故障类型有:

(1)断线:按启动按钮,电器元件没有反应。

(2)短路:一接通电源,空气开关立即跳闸或熔断器立即烧断,或者一按启动按钮,电器线圈元件立即发热烧焦等。

(3)过载:开机后一段时间自动停机,但过一段时间后,按热继电器 FR 复位按钮又可开机。

(4)漏电:一接通电源或按启动按钮,漏电开关动作。

2. 判断故障范围

(1)逐一检查法:对于简单的电动机控制电路,如电动机正转(单向运行)控制电路、电动机正转点动控制电路等,由于电器元件较少,可不需判断故障范围,直接用逐一检查法找出故障点。逐一检查法的具体做法是:对每个电器元件、每根连接导线进行逐一检查,直至找出故障点为止。

(2)逻辑分析法:对比较复杂的电动机(机床)控制电路,由于电器元件很多,不能采用逐一检查法查找故障点,而应采用逻辑分析法。逻辑分析法的具体做法是:根据故障现象,通过电气控制电路的原理图,分析确定故障可能发生的范围,这种方法可将故障范围缩小到最小,提高检修的针对性,达到既准又快的效果。

3. 查找故障点

在确定故障范围之后,应用直观法,或电压测量法,或电阻测量法,或短路法等检查方法,顺着

检修思路逐点检查,直到找出故障点。下面介绍几种常用查找故障点的方法:

(1)直观法:通过看、听、摸、闻等方法直接找出故障点。

①看:看空气开关是否跳闸;看熔断器指示器是否正常;看电器线圈或者导线是否有烧焦现象;看继电器的触点是否复位;如果不是短路和漏电故障,可以通过接通电源按启动按钮,看电器动作是否正常。

②听:如果不是短路和漏电故障,可以通过接通电源,按启动按钮,听电器工作响声是否正常。

③摸:在刚发生短路故障时,可以用摸导线或摸线圈是否发热的方法,找出短路故障点。

④闻:打开电路板箱盖,闻电箱内是否有焦味,如有焦味,则证明发生了短路故障。

(2)电压测量法:适用于断线故障检查。方法是:电路通电,用万用表交流电压挡或电笔,测量各节点是否带电,当节点无电时,无电节点与上一有电节点之间有断线故障发生,从而找出故障点。

(3)电阻测量法:适用于断线和短路故障检查。方法是:电路不通电,用万用表电阻挡测量回路中各连通线段的电阻是否正常,若电阻为无穷大,则证明该线段有断线故障发生;若线段中有线圈元件,测量电阻为零或电阻远小于线圈电阻,则证明该线圈短路或局部短路,从而找出故障点。

(4)短路法:又称短接法,适用于断线故障检查。方法是:电路通电,用导线短接断开点(常开触点),或跨接几个节点(包括常开常闭触点),检查被短接回路的电器(线圈)工作是否正常,若电器(线圈)工作正常,则证明被短接部位有断线故障发生,从而找出故障点。

4. 排除故障

找到故障点后,下一步就是进行故障排除,不同的故障排除方法不同,若电器元件烧坏或损坏,应更换新的元件;若线头松脱,应重新紧固线头。排除故障应注意:

(1)更换新的元件时,要尽量使用同型号同规格的元件,并进行性能检测,确认性能完好后方可替换。

(2)对于熔断器熔断故障,必须仔细分析熔断原因。

①如果是因负载电流过大或短路造成的,应进一步检查故障原因并排除后,方可更换同型号同规格的熔体,不得随意加大或减小规格。

②如果的接触不良所引起的,应对熔座进行修理或更换。

③如果是因容量选小造成的,应据负载重新计算选用合适熔体。

(3)为了减少设备的停机时间,可先用新的电器将故障电器替换下来再修。

(4)对于接触器主触点"熔焊"故障,很可能是由于负载短路或严重过载所至,一定要将负载问题解决后,才能再试验通电。

(5)在排除故障过程中,特别是通电检查,应注意周围的元件、导线等,不可再扩大故障。

5. 通电试车

故障排除后,应重新通电试车,检查机床的各项操作,它们必须符合技术要求。

(二)根据故障现象,从原理图找出故障范围

1. 故障现象 1

在图 9-1 中,按下 SB_2 时,电动机振动,发出"嗡嗡"响声,不能启动。

分析:电动机正常工作时,三相定子三相绕组接通三相正弦交流电源,产生三相旋转磁场,带动转子转动。当定子绕组其中一相绕组没接入电源(即缺相)时,其他两相通电绕组虽然产生的也是旋转磁场,但这两相磁场大小相等,方向相反,它们不但不能使转子转动,而且会加大电动机振动,使电动机发出"嗡嗡"响声。此时,如果转动转子,打破两相磁力的平衡,电动机也能转动,但不能消除振动和"嗡嗡"响声,也不能长时间运行,否则会烧坏电动机。

故障范围：从以上分析可知，发生此故障的原因是电动机定子绕组发生缺相故障，因此，故障范围应是：主电路中的电动机三相供电回路中的其中一回路开路。

2. 故障现象 2

在图 9-1 中，按下 SB₂，电动机转动，但松开 SB₂ 时，电动机立即停止转动。

分析：按下 SB₂ 时，电动机正常启动，这证明启动会工作正常。但当松开 SB₂ 时，电动机立即停止转动，这就证明自锁回路不能正常工作，即自锁回路有断开点，因为正常情况下，按下 SB₂ 时，启动回路接通，KM 线圈得电，KM 主触点闭合，电动机得电转动，与此同时，KM 辅助触点闭合，接通自锁回路，当松开 SB₂，SB₂ 常开触点断开，切断启动回路，这时 KM 线圈应由自锁回路供电，使接触器 KM 继续工作，电动机继续转动。

故障范围：从上述分析可知，发生此故障的原因是自锁回路有开路，但启动回路正常，因此，故障范围应是：SB₃ 常闭触点 3# 进线、KM 辅助触点 4# 出线、5# 线有断线现象出现，也有可能是 SB₃ 常闭触点接触或 KM 辅助常开触点不良造成此故障。

3. 故障现象 3

在图 9-1 中，合上 QS，电动机立即转动。

分析：在图 9-1 中，合上 QS，电动机立即转动，这证明不需按启动按钮 SB₂，KM 主触点已经闭合。造成这种故障的原因有以下几点：原因之一是启动按钮 SB₂ 常开触点进出线之间短接，最大可能是 SB₂ 常开触点损坏自动短接，导致启动回路自动接通；原因之二是点动按钮 SB₃ 常开触点进出之间短接，最大可能是 SB₃ 常开触点损坏短接，导致点动回路自动接通；原因之三是 KM 自锁辅助触点进出线之间短接，导致自锁回路自动接通；原因之四是 KM 主触点"熔焊"导通，导致主电路直接导通。如果是原因之四导致此故障，只要停电（断开 QS）检查接触器 KM，如接触器 KM 处于吸合状态，证明是此原因造成。

故障范围：从上述分析可知，发生此故障的原因是出现电路短接。因此，故障范围应是：控制电路中的所有常开点，即启动按钮 SB₂ 常开触点、点动按钮 SB₃ 常开触点、KM 主触点和 KM 辅助常开触点。

4. 故障现象 4

在图 9-1 中，按下启动按钮 SB₂，接触器 KM 不动作，电动机不转动。

分析：在图 9-1 中，按下启动按钮 SB₂，接触器 KM 不动作，电动机不转动，这就证明启动有开路，导致 KM 线圈不得电、KM 主触点不闭合、电动机不转动。造成开路的最大原因是停止按钮 SB₁ 损坏，SB₁ 其常闭触点不闭合，或者是启动按钮 SB₂ 损坏，其常开触点不能闭合，也有可能是熔断器 FU₂ 熔芯熔断造成。如果是新安装的电路板，也很有可能是因为线芯剥的长度太短，接线时压到绝缘层，导致开路。

故障范围：从上述分析可知，发生此故障的原因是启动回路有开路。因此，故障范围最大可能是：熔断器 FU₂ 熔芯、停止按钮 SB₁ 常闭触点和启动按钮 SB₂ 常开触点，如果新安装的电路板，也很有可能是因导线与端子连接不良造成。

一、机床（电动机）控制电路中低压电器的作用及其结构

机床（电动机）控制电路中常用的低压电器除了前面介绍的隔离开关、熔断器、交流接触器、热继电器和按钮开关外，比较复杂的机床（电动机）控制电路还会用到时间继电器、中间继电器、空气

开关(断路器)、主令电器(位置开关、万能转换开关)等低压电器。

(一)时间继电器 KT

时间继电器的文字符号用 KT 表示,它是一种利用电磁原理或机构动作原理实现触点延时接通或断开的自动控制电器。时间继电器按动作原理可分为空气阻尼式、电子式和电动式,如图 9-3 所示;按延时方式可分为通电延时和断电延时两种。

(a)空气阻尼式　　　　　　(b)电子式　　　　　　(c)电动式

图 9-3　时间继电器外形图

1. 空气阻尼式时间继电器

空气阻尼式时间继电器是利用空气阻尼原理来获得延时的,它由电磁机构、延时机构、触点三部分组成。电磁机构为直动式双 E 型,触点系统是借用 LX5 微动开关,而延时机构则采用气囊式阻尼器,如图 9-4 所示

空气阻尼式时间继电器可以安装为通电延时型或断电延时型,方法是将空气阻尼时间继电器的电磁机构翻转 180°安装,即可实现通电延时型和断电延时型的互换。断电延时型、通电延时型空气阻尼式时间继电器的外形、图形符号及其触点位置如图 9-5 所示。

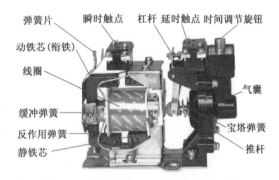

图 9-4　空气阻尼式时间继电器的构造

空气阻尼式时间继电器的优点是延时范围大、结构简单、寿命长、价格低廉;其缺点是延时误差大、无调节刻度指示,难以精确地整定延时值。因此,在对延时精度要求比较高的场合不宜使用。

2. 电子式时间继电器

电子式时间继电器是利用电的阻尼及电容对电压变化的阻尼作用作为延时环节而构成的。因此,它具有体积小、延时范围大、精度高、寿命长,以及调节方便等特点,目前在自动控制系统中的使用十分广泛。下面简单介绍常用的 JS20 电子式时间继电器。

JS20 系列时间继电器采用插座式结构,所有元件装在印制电路板上,用螺钉使之与插座紧固,再装上塑料罩壳组成本体部分,在罩壳顶面装有铭牌和速度电位器旋钮,并有动作指示类。JS20 系列时间继电器采用的延时电路分为两类:一类为场效应晶体管电路;另一类为单结晶体管电路。

常用的电子式时间继电器型号有 JS20、JS13、JS14、JS14P 和 JS15 等系列。国外引进生产的产品有 ST、HH、AR 等系列。

3. 电动式时间继电器

电动式时间继电器由同步电动机、传动机构、离合器中、凸轮、调节旋钮和触点等组成。常用的电动式时间继电器型号有 JS11 系列和 JS-10、JS-17 等。

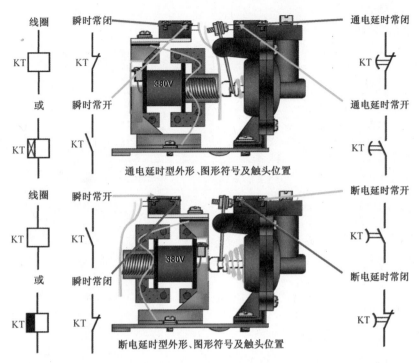

图 9-5 空气阻尼式时间继电器的外形、图形符号及触点位置

电动式时间继电器的延时时间不受电源电压波动及环境温度变化的影响、调整方便、重复精度高、延时范围大（可达到数十小时）；但结构复杂、寿命低、受电源频率影响较大，不适合频繁工作。

(二)电磁式中间继电器 KA

中间继电器有通用型继电器、电子式小型通用继电器、电磁式中间继电器、采用集成电路构成的无触点静态中间继电器等。在机床(电动机)控制电路中使用的中间继电器通常采用电磁式中间继电器，它实际上是一种动作值与释放值都不能调节的电压继电器。

1. 电磁式中间继电器的作用

(1)中间继电器主要用于传递控制过程中的中间信号。它的输入信号为线圈的通电或断电，输出的是触点的动作，将信号同时传给几个控制原件或回路。

(2)扩展触点：

①中间继电器的线圈与接触器的线圈并联，可扩展 4 对辅助常开触点和 4 对辅助常闭触点，用于比较复杂的机床电气控制电路中。

②中间继电器的线圈与时间继电器的线圈并联，可扩展 4 对瞬时常开触点和 4 对瞬时常闭触点，用于比较复杂的机床电气控制电路中。

③中间继电器的线圈与时间继电器的延时触点串联，可扩展 4 对延时常开触点和 4 对延常闭触点，用于比较复杂的机床电气控制电路中。

(3)可当电路电流小于 5 A 时，可用中间继电器代替接触器启动电动机，如冷却泵、快速移动电动机等。

(4)在复杂的机床电气控制电路中，可利用中间继电器建立特殊的控制回路，如零压保护控制回路、过渡性质的控制回路等。

2. 中间继电器的结构

电磁式中间继电器的基本构造和工作原理与交流接触器相似,由电磁系统、触点系统和弹簧反力系统三部分组成。其中触点系统有 4 对常开触点和 4 对常闭触点,触点主要用于小电流电路中(电流一般不超过 10 A),因此不专门设置灭弧装置。中间继电器的文字符号用 KA 表示,图形符号、JZC1-44 中间继电器的外形及线圈触点接线位置如图 9-6 所示。

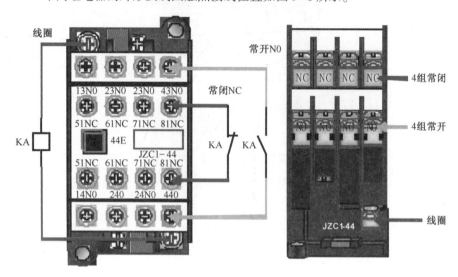

图 9-6   JZC1 中间继电器外形、图形符号及其接线位置

(三)低压断路器

低压断路器又称自动空气开关、自动空气断路器或自动开关,它是一种半自动开关电器。它主要用在交直流低压电网中,可手动或电动分合电路,可对电路或用电设备实现过载、短路和欠电压等保护,能自动切断故障电路,还可以用于不频繁启动电动机,是一种重要的控制和保护电器。其保护参数可以人为整定,使用安全、可靠、方便,是目前使用最广泛的低压电器之一。

1. 断路器的分类

断路器的种类很多,有多种分类方法,这里仅按极数和用途进行分类。

(1)按极数分类:可分为单极、双极、三极和四极断路器,如图 9-7 所示。单极控制一根相线,双极控制零相线,三极控制三根相线,四极控制三相四线电源。

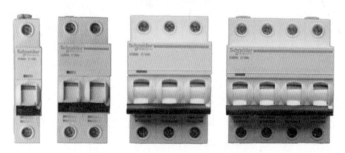

图 9-7   小型低压断路器

(2)按用途分类:可分为配电用、电动机保护用、照明用、漏电保护用断路器等。

断路器的结构型式很多,在自动控制系统中,塑料外壳式和漏电保护断路器由于结构紧凑、体积小、重量轻、价格低、安装方便，并且使用较为安全等特点，应用极为广泛。

2. 断路器的基本结构

低压断路器一般由触点系统、灭弧系统、操作机构、脱扣器及外壳或框架等组成。漏电保护断路器还需要有漏电检测机构和动作装置等。图9-8所示为常用小型低压断路器的内部结构图。

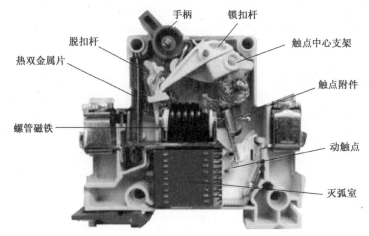

图9-8　常用小型低压断路器的内部结构图

各组成部分的作用如下：

（1）触点系统：用于接通和断开电路，是自动开关的执行元件。触点的结构形式有：对接式、桥式和插入式三种，一般采用银合金材料和铜合金材料制成。

（2）灭弧系统：其作用是熄灭触点断开时产生的电弧。灭弧系统有多种结构形式，常用的灭弧方式有：窄缝灭弧和金属栅灭弧。

（3）操作机构：用于实现断路器的闭合与断开。操作机构有手动操作机构、电动机操作机构、电磁铁操作机构等。

（4）脱扣器：它是断路器的感测元件，用来感测电路特定的信号（如过电压、过电流等），电路一出现非正常信号，相应的脱扣器就会动作，通过联动装置使断路器自动跳闸切断电路。

脱扣器的种类很多，有电磁脱扣、热脱扣、自由脱扣、漏电脱扣等。电磁脱扣又分为过电流、欠电流、过电压、欠电压脱扣、分励脱扣等。

（5）外壳或框架：外壳或框架是断路器的支持件，用来安装断路器各部件。

3. 断路器的基本工作原理

通过手动或电动等操作机构可使断路器合闸或断开，从而使电路接通或断开。当电路发生故障（短路、过载或欠电压等）时，通过脱扣装置使断路器自动跳闸，达到故障保护的目的。图9-9所示为断路器工作原理示意图。断路器工作原理分析如下：

（1）短路保护：以L3相为例，主触点闭合后，电路接通。如果电路发生短路时，短路电流远远超过过电流脱扣器动作值，或者发生电路过电流事故，过电流达到或超过过电流脱扣器动作值时，过电流脱扣器的衔铁就会马上吸合，驱动自由脱扣器动作，自由脱扣器与主触点的互锁解除，主触点在弹簧的作用下断开，从而切断电路，实现了短路保护的目的。

（2）过载保护：主触点闭合后，电路接通。如果电路发生过载，过载电流由于小于过电流脱扣器动作值，不能驱使过电流脱扣器动作，但它可以使热脱扣器发热元件的发热量增加，使双金属片温度升高，双金属片弯曲加快。当双金属片产生足够的弯曲时，推动自由脱扣器动作，从而使主触点切断电路，实现过载保护。

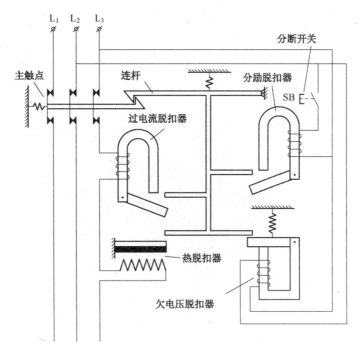

图 9-9　为断路器工作原理示意图

(3)欠电压保护：主触点闭合后，电路接通。如果电路发生故障，电源电压迅速下降，或者电源突然停电，电路工作电压小于欠电压脱扣器释放值，这时，欠电压脱扣器线圈产生的磁力小于衔铁弹簧拉力，欠电压脱扣器的衔铁就会释放，推动自由脱扣器动作，从而使主触点切断电路，实现欠压保护。

(4)远程控制：有些断路器装有分励脱扣器，可以实现远距离切断电路。当需要分断电路时，按下分断按钮，分励脱扣器的线圈得电，其衔铁被吸合，推动自由脱扣器动作，使主触点切断电路。

4.低压断路器的选用

在选用断路器时，应首先确定断路器的类型，然后进行具体参数的确定。断路器的选择大致可按以下步骤进行：

(1)根据使用条件、被保护对象的要求选择合适的类型。塑料外壳式低压断路器的断流能力较小，框架式低压断路器的断流能力较大。因此，一般在电气设备控制系统中，常选用塑料外壳式或漏电保护断路器；在电力网主干电路中主要选用框架式断路器；而在建筑物的配电系统中则一般采用漏电保护断路器。

(2)确定断路器的类型后，再进行具体参数的选择，选用的一般原则如下：

①断路器的额定电压和额定电流应大于或等于被保护电路的额定电压。

②低压断路器的额定电流应大于或等于被保护电路的计算负载电流。

③断路器的额定通断能力(kA)大于或等于被保护电路中可能出现的最大短路电流(kA)，一般按有效值计算。

④电路末端单相对地短路电流应大于或等于 1.25 倍断路器瞬时(或短延时)脱扣器的整定电流。

⑤断路器欠电压脱扣器额定电压等于被保护电路的额定电压。

⑥断路器分励脱扣器额定电压应等于控制电源的额定电压。

（3）若断路器用于电动机保护,则电流整定值的选用还应遵循以下原则:

①断路器的长延时电流整定值应等于电动机的额定电流。

②保护笼形异步电动机时,瞬时值整定电流应等于 $k_f \times$ 电动机的额定电流。系数 k_f 与电动机的型号、容量和启动方法有关,保护笼形异步电动机时, k_f 大小约在 8~15 之间;保护绕线转子异步电动机时, k_f 大小约在 3~65 之间。

③若断路器用于保护和控制不频繁启动的电动机时,则还应考虑断路器的操作条件和电动机寿命。

（四）主令电器

主令电器主要用来切换控制电路,即用它来控制接触器、继电器等电器的线圈,达到控制电力拖动系统(电动机及其他控制对象)的启动与停止,以及改变系统的工作状态,如正转与反转等。由于它是一种专门发号施令的电器,故称为主令电器。主令电器应用广泛,种类繁多,常用的主令电器有行程开关、万能转换开关、主令控制器、控制按钮等。

1. 位置开关

位置开关又称限制开关(旧称行程开关或限位开关),其作用是将机械位移转变为触点的运作信号,以控制机械设备的运动,在机电设备的行程控制中起很重要的作用。位置开关的工作原理与控制按钮相同,不同之处在于位置开关是利用机械运动部分的碰撞来使其动作,而按钮开关则是通过人力使其动作。

（1）位置开关的基本结构。位置开关的种类很多,但它们的基本结构相同,主要由触点部分、操作部分和反力系统等三部分组成。根据操作部分运动特点的不同,位置开关可分为直动式、滚轮式、微动式,以及能自动复位和不能自动复位等。图 9-10 所示为几种常见位置开关的结构及图形符号。

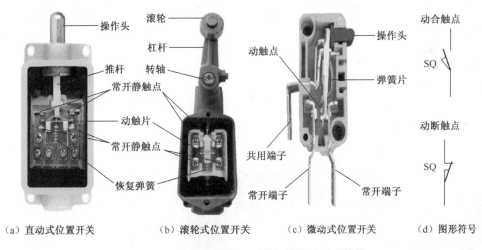

（a）直动式位置开关　　（b）滚轮式位置开关　　（c）微动式位置开关　　（d）图形符号

图 9-10　几种常见位置开关的结构及图形符号

①直动式位置开关:直动式位置开关的结构如图 9-10(a)所示,其特点是结构简单、成本较低,但触点的运行速度取决于挡铁的移动速度。若挡铁移动速度太慢,则触点就不能瞬时切断电路,使电弧或电火花在触点上滞留的时间过长,易使触点损坏。这种开关不宜用于挡铁移动速度小于 0.4 m/min 的场合。

②滚轮式位置开关:滚轮式位置开关的结构如图 9-10(b)所示,其特点是触点电流容量大、动作迅速,操作头动作行程大,主要用于低速运行的机械。

③微动式位置开关:微动式位置开关的结构如图9-10(c)所示,其特点是有储能动作机构,触点动作灵敏、速度快并与挡铁的运行速度无关。缺点是触点电流容量小、操作头的行程短,使用时操作部分容易损坏。

(2)位置开关的型号意义。位置开关常用的型号有:LX5、LX10、LX19、LX31、LX33、LXW-11和JLXK1系列。位置开关的文字符号为SQ,图形符号如图9-10(d)所示,型号及意义如下:

2. 万能转换开关

(1)万能转换开关的作用:万能转换开关是一种多档式、控制多回路的主令电器,主要用作控制电路的转换或功能切换、电气测量仪表的转换,以及配电设备(高压油断路器、低压空气断路器等)的远距离控制,亦可用于控制伺服电动机和其他小容量电动机的启动、换向及变速等。由于这种开关触点数量多,因而可同时控制多条控制电路,用途较广,故称万能转换开关。

(2)万能转换开关的基本结构:万能转换开关由触点系统、操作机构、转轴、手柄、定位机构等主要部件组成,用螺栓组装成整体。

①触点系统:万能转换开关的触点系统由许多层接触单元组成,最多可达到20层。每一接触单元有2~3对双断点触点安装在塑料压制的触点底座上,触点由凸轮通过支架驱动,每一断点设置隔弧罩以限制电弧,增加其工作可靠性。

②定位机构:万能转换开关的定位机构一般采用滚轮卡棘轮辐射型结构,其优点是操作轻便、定位可靠并有一定的速动作用,有利于提高触点的分断能力。定位角度由具体的系列规定,一般分为30°、45°、60°、90°等几种。

③操作手柄型式:万能转换开关的手柄型式有:旋钮式、普通式、带定位钥匙式和带信号灯式等形式,万能转换开关的外形及层结构示意图如图9-11所示。

(a)外形结构图　　　　　　　　　　(b)层结构示意图

图9-11　万能转换开关的结构图

(3)万能转换开关的型号及意义:常用的万能转换开关型号有LW1、LW4、L W5、LW6和LW8等系列。万能转换开关的型号意义如下:

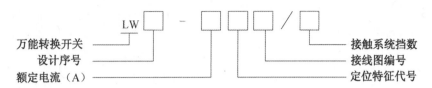

（4）万能转换开关选用：

①按额定电压和工作电流等选择合适的系列。

②按操作需要选择手柄型式和定位特征。

③按控制要求确定触点数量和接线图编号。

④选择面板型式及标点。

二、三相异步电动机的使用与维护

（一）三相异步电动机使用前的检查

对于新安装或久未使用过的三相异步电动机，在通电使用之前必须先做以下检查工作，以验证该电动机是否能通电运行。

1. 检查电动机外部是否清洁

对于长期搁置未使用的开启式或防护式电动机，如内部有灰尘或脏物时，应先将电动机拆开，用不大于 2 个大气压的干燥压缩空气吹净各部分的污物。如无压缩空气也可用手风箱（通称皮老虎）吹，或用干抹布去抹，不应用湿布或沾有汽油、煤油、机油的布擦拭电动机的内部。清扫干净之后再复原。

2. 异步电动机运行前的绝缘电阻测定

对于新安装或停运三个月以上的异步电动机，投入运行之前都要由摇表测定绝缘电阻。测定内容包括电动机的三相相间绝缘和三相绕组对地（机壳）绝缘电阻。测量前，应首先拆除该电动机出线端子上的所有外部接线及出线端子本身之间的连接线，然后用摇表摇测各绕组绝缘电阻，看是否全部符合要求，绝缘电阻测试合格后，再将所有的接线复原，最后再通电使用。按要求，电动机每 1 kV 工作电压，绝缘不得低于 1 MΩ，一般额定电压为 380 V 的三相异步电动机，用 500 V 的兆欧表测量，其绝缘电阻应大于 0.5 MΩ 才可使用。如果发现绝缘电阻较低，则为电动机受潮所致，可对电动机进行烘干处理，然后再次测量绝缘电阻，合格后方可通电使用。若测出绝缘电阻为零，这时绝不允许通电运行，必须查明故障并排除故障后才可通电使用。

3. 对照电动机铭牌标明的额定数据

检查电源电压、功率、频率是否合适，定子绕组的连接方法是否正确（星形连接还是三角形连接）。

①检查电源电压是否正确：异步电动机是对电源电压波动敏感的设备。无论电源电压过高或过低，都会给电动机运行带来不利的影响。电压过高，会使电动机迅速发热，甚至烧毁；电压过低，使电动机输出力矩减小，转速下降，甚至停转。故当电压波动超出额定值+10% 及 −5% 时，应改善电源条件后才投入运行。

②检查额定功率是否合适：电动机的额定功率要与它所带动的机械负荷相适应，如果电动机的额定功率比机械负荷大很多，形成大马拉小车，容量不能得到充分利用，就会造成浪费；如果电动机的额定功率比机械负荷小，电动机就会过载工作，造成发热严重，若长时间运行，可能会烧毁电动机。

③检查电动机定子绕组的连接方法是否正确：电动机定子绕组的连接方法必须符合铭牌上的

规定,如果连接错误,就会因电源电压严重不符合电动机的要求而造成严重事故。如将 Y 接接成 △接,那么电动机接入的电源电压为额定电压的$\sqrt{3}$倍,电压严重超高,电动机就会因迅速发热而很快烧毁。如果将△接接成 Y 接,那么电动机接入的电源电压为额定电压的$1/\sqrt{3}$倍,电压严重不足,输出力矩只有额定力矩的1/3,转速迅速下降,甚至堵转,这时若不停电,电动机也会严重发热,甚至烧毁。

4. 检查电动机的启动、保护设备是否合乎要求

检查内容包括:

(1)检查启动设备的接线是否正确(直接启动的中小型异步电动机除外)。

(2)电动机的熔断器有无熔断,熔丝的规格是否合格。

(3)检查电动机的外壳接地是否良好。

(4)检查电动机安装是否符合规定。检查内容包括:

①检查电动机装配是否灵活(用手转动电动机转轴,看转动是否灵活,有无摩擦声或其他异声)、螺栓是否拧紧、轴承的润滑脂(油)是否正常及有无泄漏印痕。

②检查联轴中心是否校正、安装是否正确、机组转动是否灵活、转动时有无卡住或异声。

③检查电动机与安装座墩之间的固定是否牢固,有无松动现象。

(二)异步电动机启动时的注意事项

1. 合闸后应密切监视电动机有无异常

合闸后若电动机不转,立即拉闸断电。若不及时断电,电动机将在短时间内冒烟烧毁。拉闸后检查电动机不转的原因,予以消除后重新投入运行。

电动机转动后,观察它的噪声、振动情况及相应电压、电流表的指示。若有异常,应停机判明原因并进行处理。

2. 电动机连续启动次数不能过多

电动机空载连续启动的次数不能超过 3~5 次;经长时间工作,处于热状态下的电动机,连续启动不能超过 2~3 次,否则电动机将可能过热损坏。

3. 注意启动电动机与电源容量的配合

一台变压器同时为几台大容量的异步电动机供电时,应对各台电动机的启动时间和顺序进行合理安排,不能同时启动,应由容量大的到容量小的逐台启动。

(三)三相异步电动机运行中的监视与维护

三相异步电动机在运行时,要通过听、看、闻等及时监视电动机,确保当电动机在运行中出现不正常的现象时能及时切断电动机的电源,以免故障扩大。具体项目如下:

(1)听电动机在运行时发出的声音是否正常:电动机正常运行时,发出的声音应该是平稳、轻快、均匀和有节奏的。如果出现尖叫、沉闷、摩擦、撞击或振动等异音,应立即断电检查。

(2)经常检查、监视电动机的温度,观察电动机的通风是否良好。

(3)注意电动机在运行中是否发出焦臭味,若有则说明电动机温度过高,应立即断电检查,必须找出原因后才能再通电使用。

(4)要保持电动机的清洁,特别是接线端和绕组表面的清洁。不允许水滴、油污及杂物落到电动机上,更不能让杂物和水滴进入电动机内部。要定期检修电动机,清扫内部,更换润滑油等。

(5)要定期测量电动机的绝缘电阻,特别是电动机受潮时,若发现绝缘电阻过低,要及时进行干燥处理。

(6)笼形异步电动机采用全压启动时,启动次数不宜过于频繁。

1. 训练目的

了解三相异步电动机直接启动的方法,掌握三相异步电动机正转、点动控制电路的安装接线与调试操作技能。

2. 训练器材

(1)常用电工工具 1 套。

(2)万用表 1 个、500 V 摇表 1 个。

(3)电路安装板 1 块,导线、紧固件、塑槽、号码管、导轨等若干。

(4)电气元件见参见项目八中元件明细表 8-1。

实训原理图参见图 9-1,为三相异步电动直接启动正转控制电路原理图;电器布置图参见项目八中图 8-36。

3. 训练步骤

(1)按元件明细表将所需器材配齐并检查元件质量。

(2)在电路安装板上按项目八中图 8-36 安装所有电器元件及塑槽。

(3)接主电路,连接前每根连接线的两端应先套入号码管;空气开关电源进线从端子板引接,热继电器到电动机的连接线也接到端子板即止。

(4)接控制回路,连接前每根连接线的两端也应先套入号码管;从各电器元件与按钮 SB$_1$、SB$_2$、SB$_3$ 的连接线,也接到端子板即止。

(5)连接按钮 SB$_1$、SB$_2$、SB$_3$ 内部的连接线,并引出与其他电器元件的连接导线(每根连接线的两端也要套入号码管),然后对号接到端子板相应的端子上。

(6)检查电路接线的正确性。

(7)经指导老师检查后,进行不带电动机的通电校验,观察交流接触器的动作情况。

(8)证明接线正确后,接入电动机,进行负载通电校验,观察电动机的运转情况。

4. 训练注意事项

(1)紧固电器元件要受力均匀、紧固程度适当,以防止损坏元件。

(2)布线要平直整齐,走线合理,符合工艺要求。

(3)接头不得松动,线芯露出符合规定,不压绝缘层,平压式接桩的导线不反圈;

(4)通电时,必须得到指导老师同意,经初检后,由指导老师接通电源,并在现场进行监护。

(5)通电时出现故障,应立即停电并进行检修,若需带电检查,必须有指导老师在现场监护。

1. 试述中间继电器的用途。

2. 试述电动机正转、点动控制电路的工作原理。

3. 试述电动机启动时的注意事项。

4. 试述机床(电动机)控制电路故障检修的方法步骤。

项目十 电动机正反转控制电路的安装与调试

在机床电气控制电路中,电动机正反转控制电路也是最典型的电动机控制电路之一,如 Z37 摇臂钻床的摇臂上升下降、Z3050 摇臂钻床的液压夹紧与松开、T68 型卧式镗床的正反向进给等,均需电动机正反转控制电路。任何三相交流异步电动机工作,均要经过一个启动过程,才能进入正常工作状态。电动机启动方式,因电动机的容量大小和工作环境的不同,有直接启动和降压启动两种。通过本项目的学习,掌握电动机的启动方式、电动机正反转控制电路的工作原理,为以后继续学习更复杂的电动机其他控制电路打下扎实的基本功。

学习目标

(1)熟知电动机的启动方式,熟知三相交流异步电动机直接启动及降压启动的几种典型电路。

(2)了解一些与电动机有关的常用规程。

(3)熟知电动机正反转控制电路的工作原理。

(4)进一步提高电动机控制电路安装接线工艺。

(5)进一步提高处理电动机(机床)控制电路故障的能力。

项目情境

本项目的教学建议:在讲授电路工作原理时,利用已安装好的电动机正反控制电路电路板,边讲边操作,理论与实践相结合,提高学生的感性认识。

一、三相异步电动机启动的概述

三相异步电动机的启动是指电动机通电后转速从零开始逐渐加速到正常运行的过程。由于电动机所拖动的各种生产、运输机械及电气设备经常需要进行启动和停止,因此,要对三相异步电动机的启动提出以下要求:

(1)电动机应有足够大的启动转矩。

(2)在保证一定大小的启动转矩前提下,电动机的启动电流应尽量小。

(3)启动所需的控制设备应尽量简单,价格力求低廉,操作及维护方便。

(4)启动过程中的能量损耗应尽量小。

三相笼形异步电动机的启动方式有两类,即在额定电压下的直接启动和降低启动电压的降压启动:

二、三相异步电动机的直接启动控制电路

直接启动即是将电动机三相定子绕组直接接到额定电压的电网上来启动电动机,所以直接启动也称全压启动。这种方法在启动时,合上开关就直接把电源电压全部加在电动机的定子绕组上。直接启动虽然启动电流会达到额定电流的 5~7 倍,但对于小容量的电动机来说,由于机械惯性不大,转速可很快达到额定值而使电动机电流迅速下降,对电网的影响、对电网上其他电气设备的影响、对电动机本身的危害都不大,而且全压启动还能维持较大的启动转矩,所以小容量电动机经常采用直接启动方法启动。一台异步电动机能否采用直接启动应视电动机的容量、电网的容量(变压器的容量)、启动次数、电网允许干扰的程度等许多因素决定,究竟多大容量的电动机能够直接启动呢? 通常认为只需满足下列三个条件中的一条,电动机即可采用直接启动:

(1)容量在 7.5 kW 以下的三相异步电动机一般可采用直接启动。

(2)用户由专用的变压器供电时,如电动机容量小于变压器容量的 20% 时,允许直接启动。对于不经常启动的电动机,则该值可放宽到 30%。

(3)也可用下面的经验公式来粗估电动机是否可以直接启动:

$$\frac{I_{\text{st}}}{I_{\text{N}}} < \frac{3}{4} + \frac{\text{变压器容量}(\text{kV} \cdot \text{A})}{4 \times \text{电动机功率}(\text{kW})}$$

式中,$I_{\text{st}}/I_{\text{N}}$ 即电动机启动电流倍数,可由三相异步电动机技术数据中查得(参见表 10-1),当小于上式右边的数值时,可直接启动。

表 10-1　常用 Y2 系列电动机技术数据

型号	满载时 380V 的额定值					堵转电流与额定电流的倍数	堵转转矩与额定转矩的倍数	最大转矩与额定转矩的倍数
	功率/ kW	转速/ (r/min)	电流/A	效率/%	功率因数			
Y2-801-2	0.75	2 830	1.8	75	0.83	6.1	2.2	2.3
Y2-802-2	1.1		2.5	77	0.84	7.0		
Y2-90S-2	1.5	2 840	3.4	79				
Y2-90L-2	2.2		4.8	81	0.85			
Y2-100L-2	3.0	2 870	6.3	83	0.87			
Y2-112M-2	4.0	2 890	8.2	85	0.88	7.5		
Y2-132S-2	5.5	2 900	11.1	86				
Y2-132S2-2	7.5		15.0	87				
Y2-160M1-2	11	2 930	21.3	88	0.89			
Y2-160M2-2	15		28.7	89				

型号	满载时380V的额定值					堵转电流与额定电流的倍数	堵转转矩与额定转矩的倍数	最大转矩与额定转矩的倍数
	功率/kW	转速/(r/min)	电流/A	效率/%	功率因数			
Y2-801-4	0.55	1 390	1.5	71	0.75	5.2	2.4	2.3
Y2-802-4	0.75		2.0	73	0.77	6.0	2.3	
Y2-90S-4	1.1	1 400	2.8	75		7.0		
Y2-90L-4	1.5		3.7	78	0.79			
Y2-100L1-4	2.2	1 430	5.1	80	0.81			
Y2-100L2-4	3.0		6.7	82	0.82			
Y2-112M-4	4.0	1 440	8.8	84				
Y2-132S-4	5.5		11.7	85	0.83			
Y2-132M-4	7.5		15.6	87	0.84			
Y2-160M-4	11	1 460	22.3	88	0.85	7.5	2.2	
Y2-160L-4	15		30.1	89				
Y2-180M-4	18.5	1 470	36.4	90.5		7.2		
Y2-180L-4	22		43.1	91				
Y2-200L-4	30		57.6	92	0.86			
Y2-225S-4	37	1 480	69.8	92.5	0.87			
Y2-225M-4	45		84.5	92.8				
Y2-250M-4	55		103.1	93				
Y2-280S-4	75		139.7	93.8				
Y2-801-6	0.37	890	1.3	62	0.70	4.7	1.9	2.0
Y2-802-6	0.55		1.7	65	0.72			
Y2-90S-6	0.75	910	2.2	69		5.5	2.0	
Y2-90L-6	1.1		3.1	72	0.73			
Y2-100L-6	1.5	940	3.9	76	0.75			
Y2-112M-6	2.2		5.5	79				
Y2-132S-6	3.0	960	7.4	81	0.76	6.5		
Y2-132M1-6	4.0		9.6	82			2.1	2.1
Y2-132M2-6	5.5		12.9	84				
Y2-160M-6	7.5	970	17.0	86	0.77		2.0	
Y2-160L-6	11		24.2	87.5	0.78			
Y2-180L-6	15		31.6	89	0.81			
Y2-200L1-6	18.5		38.1	90		7.0	2.1	
Y2-200L2-6	22		44.5	90	0.83			

型号	满载时 380V 的额定值					堵转电流与额定电流的倍数	堵转转矩与额定转矩的倍数	最大转矩与额定转矩的倍数
	功率/kW	转速/(r/min)	电流/A	效率/%	功率因数			
Y2-801-8	0.18	630	0.8	51	0.61	3.3	1.8	1.9
Y2-802-8	0.25	640	1.1	54	0.61	3.3	1.8	1.9
Y2-90S-8	0.37	660	1.4	62	0.61	4.0	1.8	1.9
Y2-90L-8	0.55	660	2.1	63	0.61	4.0	1.8	1.9
Y2-100L1-8	0.75	690	2.4	71	0.67	4.0	1.8	2.0
Y2-100L2-8	1.1	690	3.4	73	0.69	5.0	1.8	2.0
Y2-112M-8	1.5	680	4.4	75	0.69	5.0	1.8	2.0
Y2-132S-8	2.2	710	6.0	78	0.71	6.0	1.8	2.0
Y2-132M-8	3.0	710	7.9	79	0.73	6.0	1.8	2.0
Y2-160M1-8	4.0	720	10.2	81	0.73	6.0	1.9	2.0
Y2-160M2-8	5.5	720	13.6	83	0.74	6.0	2.0	2.0

直接启动的电路具有设备简单、启动时间短、安装维护方便等优点;缺点是对电动机及电网有一定的冲击,电动机的容量越大,冲击越大。所以,当电动机容量较小时,这种启动方法应优先考虑采用。常用的三相异步电动机直接启动控制电路有手动控制和自动控制两类。

三、三相异步电动机直接启动的手动控制电路

所谓手动控制是指用手动电路进行电动机直接启动操作。可以使用的手动电器有刀开关、空气断路器、转换开关和组合开关等。图 10-1 所示为几种电动机直接启动的手动控制电路。

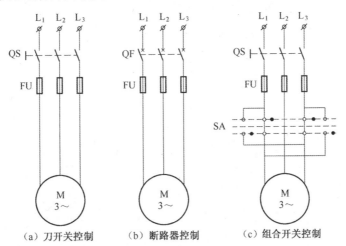

（a）刀开关控制　　　（b）断路器控制　　　（c）组合开关控制

图 10-1　电动机直接启动的手动控制电路

（一）刀开关控制电路

图 10-1（a)所示为刀开关控制电路。当采用胶壳开关控制时,电动机的功率最大不要超过

5.5 kW;若采用铁壳开关控制时,由于铁壳开关电流容量大、动作迅速以及触点装有灭弧机构等优点,因此可控制 28 kW 以下的电动机直接启动。

用刀开关控制电动机时,无法利用双金属片式热继电器进行过载保护,只能利用熔断器进行短路和过载保护,同时电路也无失电压和欠电压保护,这一点在使用时要特别注意。

(二) 断路器控制电路

图 10-1(b)所示为断路器控制电路。断路器除可手动操作外,还具有自动跳闸保护功能。图中断路器带过电流脱扣器和热脱扣器,用以对电路进行短路和过载保护。

(三) 组合开关(倒顺开关)控制电动机正反转电路

图 10-1(c)所示为组合开关(倒顺开关)控制电动机正反转电路。倒顺开关专门用于对电动机正反转进行操作,由于其触点灭弧机构,因此,电动机功率最大不要超过 5.5 kW。正反换向操作时速度不要太快,以免受到过大的反接制动电流冲击而影响使用寿命。

用手动电器直接控制电动机启动时,操作人员是通过手动电器直接对主电路进行接通和断开操作的,安全性能和保护性能较差,操作频率也受到限制,因此,当电动机容量较大(一般超过 10 kW)和操作频繁时就应该考虑采用接触器控制。

四、接触器控制的直接启动电路

接触器具有电流通断能力大、操作频率高,以及可实现远距离控制等特点。在自动控制系统中,它主要承担接通和断开主电路的任务,同时接触器本身具有失电压和欠电压保护功能。所谓失电压和欠电压保护是指当控制电源停电或电压降低至定值时,接触器将自动释放,因此,不会造成不经启动而直接吸合接通电源的事故。

接触器控制的三相电动机直接启动电路属于自动控制类型,典型的接触器控制三相电动机直接启动电路有:电动机单向运行(正转)控制电路(见项目八中图 8-4)、电动机正转与点动控制电路(见项目九中图 9-1),以及即将讲授的电动机正反转控制电路。常见的电动机正反向运行直接启动控制电路有很多种,下面介绍几种典型的电动机正反向运行直接启动控制电路。

(一) 不带互锁的电动机正反向运行直接启动控制电路

不带互锁的电动机正反向运行直接启动控制电路如图 10-2 所示。

从电动机正反转控制电路中的主电路可以看出,当合上隔离开关 QS,接触器 KM_1 主触点闭合,接触器 KM_2 主触点断开时,电动机定子三相绕组引出线 U_1、V_1、W_1 分别接电源 L_1、L_2、L_3,三相绕组产生顺时针旋转的磁场,电动机正向转动;但当接触器 KM_1 主触点断开,接触器 KM_2 主触点闭合时,电动机定子三相绕组引出线 U_1、V_1、W_1 分别接电源 L_3、L_2、L_1,也就说,将接入电动机定子三相绕组 U_1、W_1 的电源相序发生了变化,导致三相绕组产生逆时针旋转的磁场,电动机反向转动。从主电路也可直接看出,当接触器 KM_1 主触点、接触器 KM_2 主触点同时闭合时,主电路会产生严重的相间短路,因此,控制回路必须设有防止 KM_1、KM_2 同时动作的保护措施,具体保护措施有:按钮互锁(机械互锁)、电气互锁(接触器互锁)和双重互锁三种方式,互锁也为称连锁。

可是,从图 10-2 的控制电路中可以算出,电动机正反转控制电路中没有设计任何互锁,电动机需进行正反向换接时,必须先将电动机停转后,才允许反方向的接通。如果工作人员一不小心,就会很容易造成误操作,即如果在启动或者运行过程中,工作人员或非工作人员误按启动按钮 SB_2 或 SB_3,导致接触器 KM_1 和 KM_2 同时通电,造成相间短路事故。因此,该电线不能应用在实际控制中。

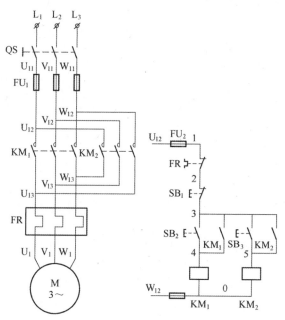

图 10-2　不带互锁的电动机正反向运行直接启动控制电路

(二) 按钮互锁的电动机正反向运行直接启动控制电路

按钮互锁的电动机正反向运行直接启动控制电路如图 10-3 所示。此电路充分利用了复合按钮两对触点(常开、常闭触点)之间一通一断的特性,将它们分别串入两个接触器线圈的控制回路上,保证不论按哪个按钮,也只能有其中一个接触器线圈接通电源,从而杜绝了因误操作导致接触器 KM_1 和 KM_2 同时动作而造成的相间短路事故。这个控制电路可以在无须按停止按钮的情况下,直接进行正反转转换。电动机直接进行换向操作的工作原理如下:

假如电动机正在正向运行,那么按反向启动按钮 $SB_2 \rightarrow SB_2$ 的常闭触点先断开接触器 KM_1 线圈, KM_1 主触点断开正向电源→电动机因惯性继续正向转动,然后 SB_2 动合(常开)触点接通接触器 KM_2 线圈→ KM_2 主触点接通反向电源→经短时反接制动后反向启动并转入正常运行。

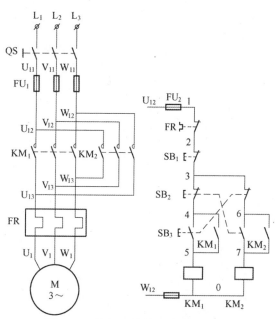

图 10-3　按钮互锁的电动机正反向运行直接启动控制电路

按钮互锁正反转电路没有设置接触器(电气)互锁,一旦运行时接触器出现触点熔焊,而这种故障又无法在电动机运行过程中判断出来,此时如果再进行直接正反向转换操作,将引起主电路电源相间短路。

由于按钮互锁正反向运行电路存在上述缺陷,安全性和可靠性较差,因此一般情况下不用于实际工作中。

(三)电气互锁的电动机正反向运行直接启动控制电路

电气互锁的电动机正反向运行直接启动控制电路如图10-4所示。此电路采用了电气互锁，避免了因误操作和接触器触点熔焊而可能引发的相间短路事故，使电路的可靠性和安全性大大增加，但该电路不能对电动机进行直接正反操作，因此，主要用于无须直接正反向转控制换接的场合。

按钮互锁和电气互锁是保证电路可靠性和安全性而采取的重要措施，在控制电路中，凡是有两个或两个以上的线圈不允许同时通电时，这些线圈之间必须进行触点互锁，否则电路可能会因误操作或触点熔焊等原因而引发事故。

(四)双重互锁的电动机正反向运行直接启动控制电路

双重互锁的电动机正反向运行直接启动控制电路如图10-5所示。

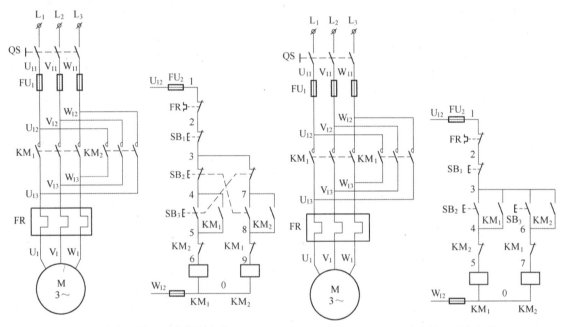

图10-4 电气互锁正反向控制电路   图10-5 双重互锁正反向电路

图10-5所示的接触器与按钮互锁正反转控制电路，是在按钮互锁的基础上增加了接触器(电气)互锁，构成双重互锁控制电路。这个电路既保留了电气(接触器)互锁的优点，即两个线圈不会同时通电，不会因为误操作或触点熔焊而造成相间短路事故，可靠性、安全性高，同时又保留了按钮互锁的优点，能直接进行正反转换接，因而使用广泛。但是，双重互锁正反转控制电路在直接对电动机进行正反向换接操作时，电动机有短时反接制动过程，此时会有很大的制动电流出现，因此，正反向转换操作不要过于频繁，不适合用来控制容量较大或正反向换接操作频繁的电动机。

电动机按钮、接触器复合(双重)互锁的正反转电路工作原理(操作过程)：

1. 正转启动过程

(1)合上电源开关QS，电动机正反转控制电路进入带电状态。但由于正转启动按钮SB_3常开触点断开，切断正转启动回路，接触器KM_1辅助常开触点断开，切断正转自锁回路，KM_1线圈无法得电，KM_1不动作，KM_1主触点不闭合，电动机无法正转启动运行。同样，反转启动按钮SB_2常开触点断开、接触器KM_2辅助常开断开，也导致电动机无法反转启动运行，如图10-6(a)所示。

(2)电动机正转启动：按下正转启动按钮SB_3，SB_3常开触点闭合，正转启动回路接通，KM_1线圈得电,KM₁ 主触点闭合,电动机得电开始正转启动。KM₁ 辅助常开也闭合,接通正转自锁控制回路,KM₁ 实现自锁,为正转连续运行做好准备。

在 SB₃ 常开触点闭合的同时,SB₃ 常闭触点断开,切断反转控制回路,起到机械互锁作用;与此同时,KM₁ 辅助常闭也断开,也一样切断反转控制回路,实现电气互锁。双重互锁,更有效地保证KM₁、KM₂ 不能同时动作,防止主电路相间短路,如图 10-6(b)所示。

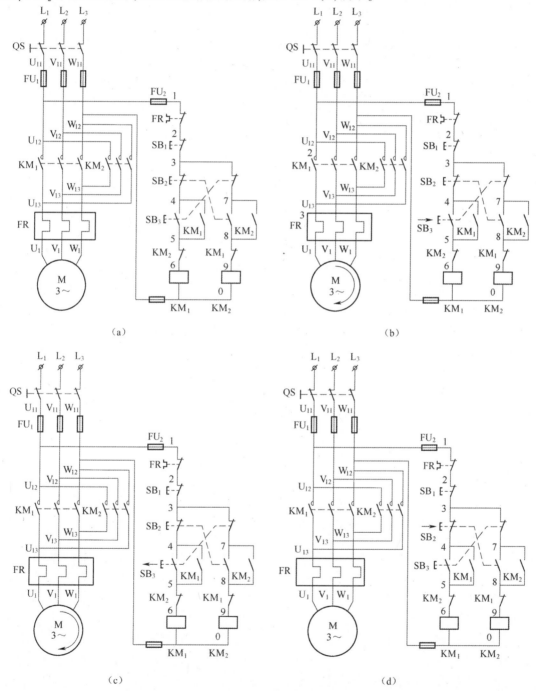

图 10-6　电动机正反转双重互锁控制电路工作原理图分析

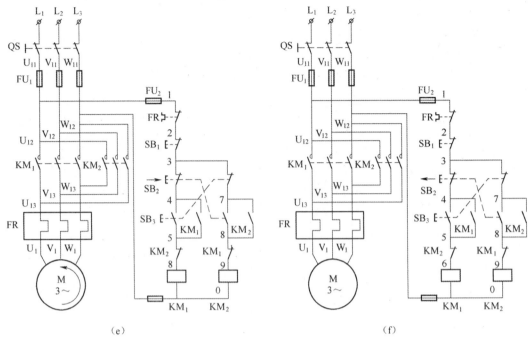

图 10-6 电动机正反转双重互锁控制电路工作原理图分析(续)

(3)电动机正转运行:当松开正转启动按钮 SB_3 时,虽然正转启动按钮 SB_3 的常开触点断开,但 KM_1 线圈通过其自身的闭合的辅助常开触点仍接通电源,接触器 KM_1 实现自锁,KM_1 主触点和辅助常开触点仍闭合,电动机继续正转运行。此时,KM_1 辅助常闭触点断开,仍切断反转控制回路,实现电气互锁,如图 10-6(c)所示。

2. 反转启动过程

(1)按下反转启动按钮 SB_2,SB_2 常闭触点首先断开,切断正转控制回路,KM_1 线圈失电,KM_1 触点复位,KM_1 主触点断开,电动机失电停止正向转动。KM_1 辅助常开触点断开,切断正转自锁控制回路。KM_1 辅助常闭触点闭合,为电动机反转启动做好准备,如图 10-6(d)所示。

(2)电动机反转启动:当将反转启动按钮 SB_2 按到底时,SB_2 常开触点闭合,反转启动回路接通,KM_2 线圈得电,KM_2 主触点闭合,电动机得电开始反转启动。KM_2 辅助常开触点闭合,接通反转自锁控制回路,为反转连续运行做好准备。KM_2 辅助常闭触点断开,与 SB_2 常闭触点一起切断正转控制回路,实现双重互锁,效地保证 KM_1、KM_2 不能同时动作,防止主电路相间短路,如图 10-6(e)所示。

(3)电动机反转运行:当松开正转启动按钮 SB_2 时,虽然正转启动按钮 SB_2 的常开触点断开,但 KM_2 线圈通过其自身的闭合的辅助常开触点仍接通电源,接触器 KM_2 实现自锁,KM_2 主触点和辅助常开触点仍闭合,电动机继续正转运行。此时,KM_2 辅助常闭触点断开,仍切断反转控制回路,实现电气互锁,如图 10-6(f)所示。

电动机正反转的停止过程和过载保护过程,与电动机单方向运行直接启动的控制电路的停止过程相同。

(五)其他电动机正反向运行直接启动控制电路

其他不同功能的电动机正反向运行直接启动控制电路如图 10-7 所示。

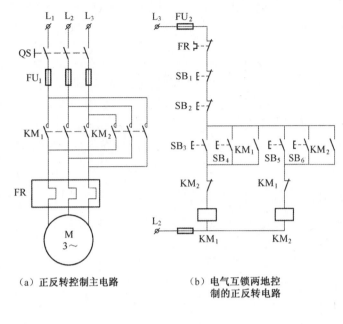

（a）正反转控制主电路　　　　（b）电气互锁两地控
制的正反转电路

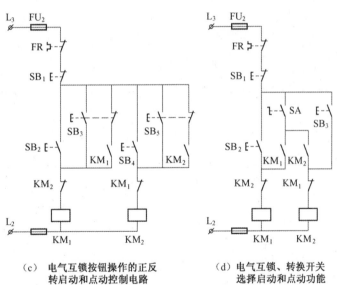

（c）　电气互锁按钮操作的正反　　（d）电气互锁、转换开关
转启动和点动控制电路　　　　选择启动和点动功能

图 10-7　同功能的电动机正反向启动直接启动控制电路

五、与电动机有关的常用规程

（一）电动机操作开关的选择和安装规程

（1）开关的安装应便于操作、维修，并应有足够的操作通道。低压开关安装高度，一般应在
1.3 m左右，操作通道不应小于 1 m。高压开关及配电柜式的低压开关应符合配电装置的有关
规定。

（2）开关的额定电流应按电动机额定负荷和启动电流选择，一般不小于电动机额定电流的 1.3

倍,但直接启动的刀开关不应小于3倍。

(3)低压电动机可根据不同容量,配用下列开关:

①在正常干燥场所,容量在3 kW及以下时,允许采用胶壳开关作为操作开关。

②电动机容量在4.5 kW及以下时,允许采用铁壳开关作为操作开关。

③电动机容量在55 kW及以下时,允许采用磁吸开关或交流接触器。

④电动机容量在55 kW以上时,应采用自动空气开关、交流接触器或油开关。

(二)有关电动机保护装置规程

(1)电动机应装设过负荷保护和短路保护装置,但下列情况可不装设过负荷保护装置:

①短时间内反复开机停机的电动机。

②4.5 kW及以下连续运行的电动机。

③过负荷可能性很小的电动机(如排风机和离心泵等)。

(2)电动机的短路保护装置,应采用自动开关或熔断器,保护装置应保证电动机正常启动时不动作。采用熔断器时,熔体的额定电流可按下列要求选择:

①笼形电动机:按其额定电流的1.5~2.5倍选择;如不能满足启动要求,则可适当放大至3倍。

②正反转运行的笼形电动机:按其额定电流的3~3.5倍选择。

③绕线式电动机:按其额定电流的1~1.25倍选择。

④连续工作制的直流电动机:按其额定电流值选择。

⑤反复短时工作制的直流电动机:按其额定电流的1.25倍选择。

(3)电动机过负荷保护装置的电流整定值,当采用热继电器或自动开关长延时过流脱扣器时,为电动机额定电流的100%;当采用定时限电流继电器时,为电动机额定电流的120%,其时限应保证电动机正常启动时不动作。

(4)连续运行的三相电动机,应装设防止两相运行的保护装置,但符合下列情况之一者可以不装设:

①运行中定子为星形连接,且装有过负荷保护者。

②经常有人监视,能及时发现断相故障者。

③用自动开关作短路保护者。

(5)电动机的传动部分应加装必要的护罩。非逆转的电动机及其转动机构,应用红漆标明旋转方向。

(三)有关电动机选择、导线选择的规定

(1)电动机应按下列条件选择:

①电动机的额定电压与配电电压相适应。

②电动机的额定功率应满足生产机械的需要,但应防止大马拉小车。

③电动机的防护型式及冷却方式需适应安装地点环境特征。

④电动机的机械特性应满足生产工艺的要求。

(2)选择导线时,其长期允许负荷电流应符合下列要求:

①设有过负荷保护时,导体长期允许负荷电流,不应小于熔体额定电流或自动开关长延时动作过电流脱扣器整定电流的125%。

②设有短路保护时,其熔体的额定电流不应大于电路长期允许负荷电流的250%。

(四)电动机安装场所的规定

电动机的安装处所应符合下列要求:

（1）通风良好，保证电动机在额定负荷下，其温升不起过额定值。

（2）高压电动机室应为耐火或半耐火结构。

（3）维修方便，容量为 50 kW 以上的电动机及其底座与四周的最小净距与墙壁间为 0.7 m；与相邻机器间为 1 m；与其他配电盘间为 2 m。

（五）有关电动机降压启动的规程

（1）由公用变压器供电的低压电动机，单台容量在 14 kW 及以上时，应配装降压启动器。

（2）高压电动机或由专用变压器供电的低压电动机在满足下列要求时，允许采用全压启动，否则需配装降压启动器：

①生产机械能经受全压启动时所产生的冲击。

②启动时电动机端子的电压，对经常启动者，不低于额定电压的 90%，不经常启动者，不低于额定电压的 85%。

③电动机启动时，能保证生产机械要求的启动转矩，并不破坏其他用电设备的工作。

（3）交流电动机所配装的降压启动器，应符合下列要求：

①电压为 380 V/660 V、△-Y 连接的笼形电动机或同步电动机，其启动转矩满足生产要求时，容量在 30 kW 及以下者，可配装一般的 Y-△ 启动器；容量在 30 kW 以上者，应配装油浸式 Y-△ 启动器。

②电压为 220 V/380V、△/Y 连接的笼形电动机或同步电动机，应配自耦降压变压器作降压启动。

③绕线式电动机，一般应在转子回路接入频敏变阻器或电阻启动。

④高压电动机可采用电抗器启动，当不能同时满足启动电流和最少转矩的要求时，应采用自耦变压器或其他适当的启动方式。

一、三相笼形异步电动机的降压启动控制电路

异步电动机在启动瞬间，转速从零开始增加，转差率 $s=1$，转子绕组中感应的电流很大，使定子绕组中流过的启动电流也很大，为额定电流的 4～7 倍。在正常情况下，异步电动机的启动时间很短（一般为几秒到几十秒），但它会在电网上造成供电电压下降，影响在同一电网上其他用电设备的正常工作。因此，在不能满足电动机直接启动的三个条件之一时，电动机应采用降压启动。

降压启动是指启动时，在电源电压不变的情况下，通过某种方法（改变连接方式或增加启动设备），降低加在电动机定子绕组上的电压，待启动结束后，再将电压恢复到额定电压运行的启动方式。

降压启动虽然能起到降低电动机启动电流的目的，但由于电动机的转矩与电压的二次方成正比，因此降压启动时电动机的转矩减小较多，故降压启动一般适用于电动机空载或轻载启动。

三相笼形异步电动机的降压启动方法主要有定子串电阻（电抗）降压启动、星-三角降压启动、自耦变压器降压启动和延边三角降压启动等。不论三相笼形异步电动机采用哪一种降压方法启动，启动转矩都有不同程度的下降，对启动性能而言，这是不好的一方面；当负载较大时，可能无法启动。因此，在确定启动方法时，要进行负载转矩和启动转矩的计算（或估算），以确保电动机能顺利启动。

(一) 笼形异步电动机的定子串电阻降压启动

笼形异步电动机定子串电阻通常有两种控制方法:手动切除电阻和按时间原则自动切除电阻。

1. 手动切除电阻的控制电路

当电动机启动过程可以很直观地观察到时,可采用手动切除电阻的办法启动电动机。图10-8所示为常用的手动切除电阻后控制电路。

图中 R 为启动电阻,接触器 KM$_1$ 的主触点用于接通电源,接触器 KM$_2$ 的主触点用于从降压启动转入正常运行,操作时要注意不要过早按动 SB$_3$ 短接电阻,否则不能很好地达到限制启动电流的目的。

串电阻启动时,启动转矩下降的幅度很大,因此这种方法仅适用于电动机的空载或轻载启动。由于启动时电路的启动电流很大,串接的启动电阻应采用大功率的电阻,一般是采用大功率的铸铁电阻,如 ZX$_1$、ZX$_2$ 系列铸铁电阻。

图10-8 的手动切除电阻的控制电路主要缺点有两个:

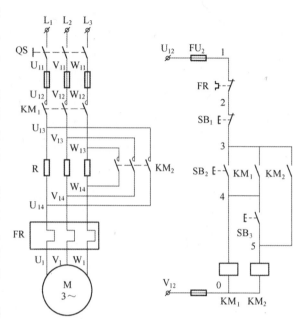

图 10-8　手动切除电阻的控制电路

(1)一旦接触器 KM$_2$ 工作时发生熔焊事故,在下一次启动时,将变为直接启动。

(2)由于某种原因(如接触器 KM$_2$ 线圈断线等)导致接触器 KM$_2$ 不能动作时,电阻不能被短接,使电动机长期在低电压下运行,造成电动机电流增加,工作不正常,甚至烧毁电动机。

当控制电路存在诸如上述这些可能导致较为严重后果的隐患时,必须设法加以消除。通常采用改进设计、增加连锁来避免事故的发生,但这种方法有时将电路结构变得复杂,从而带来新的事故隐患,因此,在设计时应充分考虑利弊;另一种方法是设置信号电路以便能及时发现故障。

图10-9所示为在图10-8基础上改进后的控制电路,信号指示灯 HL$_1$ 信号、HL$_2$ 为正常运行信号,当电路状态不正常时,可及时地通过信号灯予以发现。

2. 按时间原则自动切除电阻的控制电路

图10-10所示为按时间原则自动切除电阻的主电路与控制电路。所谓按时间原则控制是指用时间继电器来控制自动切换的时间。电路的操作过程和工作原理简单分析如下:

合上电源开关 QS,按下启动按钮 SB$_2$,KM$_1$、KT 线圈同时得电,KM$_1$ 辅助触点自锁,主触点接通电源,电动机串电阻开始启动,当时间继电器 KT 延时结束,KT 常开触点延时闭合,接触器 KM$_2$ 线圈得电,KM$_2$ 动合辅助触点自锁,常闭触点断开,使 KM$_1$ 线圈失电,同时 KM$_2$ 主触点闭合,KM$_1$ 主触点断开切除启动电阻,电动机转入正常运行。

时间继电器的延时时间根据电动机启动时间的长短决定。由于启动时间的长短与负载大小有关,负载越大,启动时间越长。对负载经常变化的电动机而言,若对启动时间有较高要求时,就需要经常调整时间继电器的整定值,这就显得很不方便。

图10-10所示电路在电动机正常运行时只保留了 KM$_2$ 通电,使电路的可靠性增加,能量损耗减少,很显然比图10-8和图10-9的主电路要合理。在控制电路中,在满足控制要求的前提下,尽

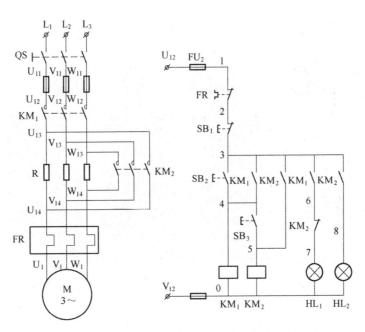

图 10-9　带信号指示的手动切除电阻的启动控制电路

可能减少使用元件的数量,这是提高电路工作可靠性和安全性的又一个重要措施。

　　笼形异步电动机的定子串电阻启动不受电动机绕组接法的限制,启动过程平滑,控制电路简单,但存在启动转矩小、电阻体积和能量消耗大等缺点,所以,对于较大容量的电动机,一般都采用其他降压启动的办法来减少启动时能量的损耗。

(二)笼形异步电动机的星–三角降压启动

　　1. 手动星–三角降压启动器控制的降压启动电路

　　手动 Y–△ 降压启动器是一种触点数量较多的刀开关电器,但由于它内部的机械结构较复杂,又有金属外罩,即

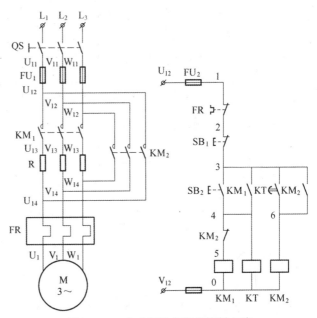

图 10-10　自动切除电阻的控制电路

使卸下外罩,打到停止位置时也难看清楚有明显的断开点,所以不能作隔离开关用。普通型手动 Y–△ 降压启动器的内部有八对触点,由有三个位置:0(停机)、Y(启动)和 △(运行)的启动器旋转手柄控制,手动 Y–△ 启动器的主要产品有 QX₁ 和 QX₂ 两个系列。QX₁ 手动 Y–△ 启动器的外形及其触点闭合通断状态如图 10-11 所示。

　　图 10-11 中(手动 Y–△ 启动器上标注的)$D_1 \sim D_6$ 为定子三相绕组 6 个首尾端的字母符号(旧国标),D_1、D_2、D_3 为首端,即分别是新国标的 U_1、V_1、W_1,而 D_4、D_5、D_6 为尾端,分别是新国标的 U_2、

V_2、W_2。从图中可以得出 QX_1 手动 Y-△ 启动器触点在三种操作状态下的闭合情况,如表 10-2 所示。

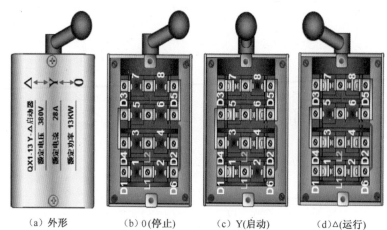

（a）外形　　（b）0(停止)　　（c）Y(启动)　　（d）△(运行)

图 10-11　QX1 手动 Y-△ 启动器的外形及触点状态图

表 10-2　手动 Y-△ 启动器触点闭合状态表(×表示接通)

触点符号	手柄位置		
	Y(启动)	0(停止)	△(运行)
Q_1	×		×
Q_2			×
Q_3			×
Q_4	×		×
Q_5	×		
Q_6	×		
Q_7	×		×
Q_8			×

图 10-12 为 QX_1 手动 Y-△ 启动器的控制电路图,其操作过程和工作原理如下:

(1)降压启动:启动时,将手柄打到 Y 位置,触点 Q_1、Q_4、Q_5、Q_6、Q_7 闭合,其中 Q_1(即 U_1)接电源 L_1、Q_4(即 V_1)接电源 L_2、Q_7(即 W_1)接电源 L_3,而 Q_5 和 Q_6 则将三相异步电动机定子的三个绕组尾端 U_2、V_2、W_2 短接,而 Q_2、Q_3、Q_8 断开,电动机定子绕组星形连接作降压启动。

(2)全压运行:待启动结束(即转速接近额定转速)时,将操作手柄打到 △ 位置,触点 Q_1、Q_2、Q_3、Q_4、Q_7、Q_8 闭合,其中 Q_1 和 Q_2 将 U_1、W_2 短接后接电源 L_1,Q_3 和 Q_4 将 V_1 和 U_2 短接后接电源 L_2,Q_7、Q_8 将 W_1 和 V_2 短接后接电源 L_3,而 Q_5、Q_6 断开,电动机定子绕组作三角形连接全压运行。

(3)停止运行:当需要停机时,将操作手柄打到 0 位置,全部触点断开,电动机停止运行。

2. 自动 Y-△ 降压启动器控制电路

自动 Y-△ 启动器的主电路和控制电路如图 10-13 所示,控制电路由三个接触器、一个时间继电器两个按钮组成,自动 Y-△ 启动器有的为开启式,有的则装在金属箱内。其操作过程和工作原理分析如下:

合上电源开关 QS,按下启动按钮 SB_2,KM_1、KM_2 线圈得电,接触器 KM_1、KM_2 的主触点闭合,电动机星形连接启动，KM_1 辅助常开触点闭合实现自锁，KM_2 辅助常闭触点断开实现互锁，防止 KM_3 同时得电而造成短路事故；与此同时，KT 线圈也得电，时间继电器 KT 延时开始，当 KT 延时结束，延时常闭触点断开切断 KM_2 线圈电源，KM_2 常闭触点闭合；KT 延时常开触点闭合，于是 KM_3 线圈得电，KM_3 主触点闭合，电动机三角形连接转入正常运行，常开触点闭合实现自锁，KM_3 辅助常闭触点断开实现互锁，防止 KM_2 同时得电而造成短路事故，同时也断开 KT 线圈的电源，减少电路能量消耗。

　　当没有手动 Y-△ 启动器时，可自行设计 Y-△ 自动降压启动控制电路。图 10-14 所示为三个接触器控制的自动 Y-△ 降压启动控制电路。该电路可以控制 13 kW 以上电动机的启动。

　　该电路主要有以下特点：热继电器通过电流互感器变流后接入主电路，考虑到重载启动时，启动时间过长，可能会引起热继电器误动作，因此，在启动时用中间继电器 KA 短接热元件，主电路采用空气断路器 QF 作短路保护。

　　电动机采用 Y-△ 降压启动，具有电路结构简单、成本低等特点，但启动时的启动电流降低为直接启动电流的 1/3，启动转矩也降低为直接启动转矩的 1/3，因此，这种方法仅仅适用于电动机轻载启动的场合。

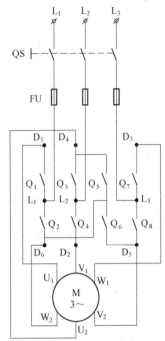

图 10-12　QX_1 手动
Y-△ 启动器控制电路

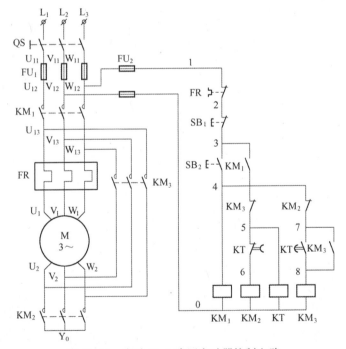

图 10-13　自动 Y-△ 降压启动器控制电路

（三）笼形异步电动自耦变压器降压启动

1. 手动投入自耦变压器降压启动控制电路

图 10-15 所示为手动投入自耦变压器降压启动控制电路，其操作过程和工作原理分析如下：

　　将自耦变压降压启动器手柄推到启动位置,开关将电源接到自耦变压器进线端,电动机串联自耦变压器开始启动,大约 4 s(即电动机达到额定转速时),将手柄扳到运转位置,这时电动机串联热继电器接到电源,转入全压运行。停止时,只要按停止按钮 SB,磁吸线圈 KV 失电,脱扣机构在弹簧力的作用下,将开关打到停止位置,电动机失电停止运行。这种控制电路,由于自耦变压降压启动器的开关装置安装在油箱内,而且需要速断操作机构,整个设备结构复杂笨重,容易出现机构故障。因此,现已很少使用。

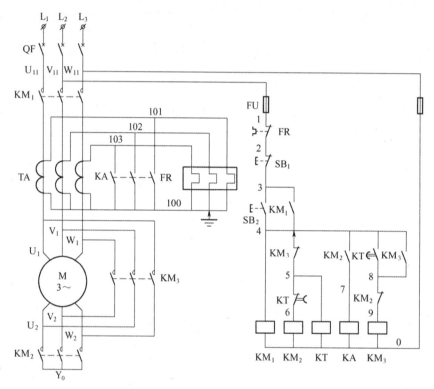

图 10-14　三个接触控制的自动 Y-△ 降压启动控制电路

2. 自动投入自耦变压器降压启动控制电路

　　图 10-16 所示为自动投入自耦变压器降压启动控制电路,其操作过程和工作原理分析如下:

　　合上电源开关 QS,按下启动按钮 SB₂,KM₂、KM₃ 和 KT 线圈同时得电,KM₂、KM₃ 主触点将自耦变压器 T 接入主电路,并通过 KM₂、KM₃ 辅助触点构成自锁,电动机串联自耦变压器降压启动开始;同时,时间继电器 KT 延时开始,当 KT 延时结束时,KT 延时动合触点闭合,使 KM₁ 线圈得电,KM₁ 主触点将电动机直接接入电源,电动机转入全压正常运行,与此同时,KM₁ 辅助动断触点打开,KM₂、KM₃ 和 KT 线圈失电,自耦变压器 T 从主电路中切除,使 KT 退出工作状态。

　　三相笼形异步电动机降压启动的控制电路有很多种方案,上述是较为常用的几种控制电路。在设计使用时,一定要根据电动机的容量和被控制对象的要求等情况做具体的分析,切不可生搬硬套。

　　另外,在主电路中,通常采用胶壳开关作隔离开关,但胶壳开关电流容量有限,因此,当电动机容量较大时,可考虑采用铁壳开关或空气断路器等容量较大的开关电器,热继电器可通过电流互感器变流后间接接入主电路。

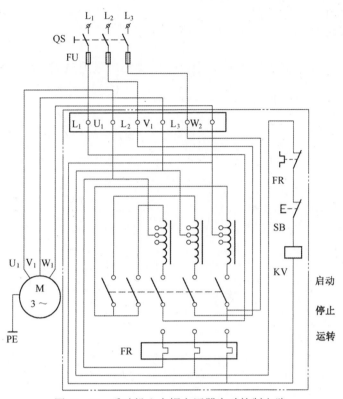

图 10-15　手动投入自耦变压器启动控制电路

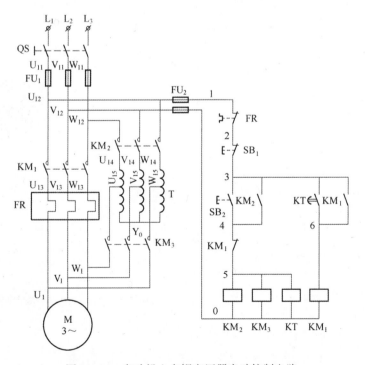

图 10-16　自动投入自耦变压器启动控制电路

技能训练　三相异步电动机双重互锁正反转控制电路的安装接线与调试

1. 训练目的

了解电动机正反转控制回路互锁的重要性,掌握三相异步电动机双重互锁直接启动正反转控制电路安装接线与调试的操作技能。

2. 训练器材

(1)常用电工工具 1 套。

(2)万用表 1 个、500 V 兆欧表 1 个。

(3)电路安装板 1 块,导线、紧固件、塑槽、号码管、导轨等若干。

(4)电器元件明细表如表 10-3 所示。

表 10-3　三相异步电动机正反转双重互锁控制电路电器元件明细表

代号	名　称	型号	规　格	数量
M	三相异步电动机	Y2-100L1-4	2.2 kW、380 V、5.1A、1 430 r/min	1
QF	空气开关	DZ-10	三极、10 A	1
FU$_1$	熔断器	RT1-15	500 V、15 A、配 10 A 熔芯	3
FU$_2$	熔断器	RT1-15	500 V、15 A、配 2 A 熔芯	2
KM$_1$、KM$_2$	交流接触器	CJ10-10	10 A、线圈电压 380 V	2
FR	热继电器	JR16-20	三极、20 A、整定电流 5.1 A	1
SB$_1$、SB$_2$、SB$_3$	按钮	LA4-3H	保护式、500 V、5 A、按钮数 3	1
XT	端子板	JX2-1015	500 V、10 A、15 节	1

训练原理图参见图 10-5,为三相异步电动机单向、点动运行的直接启动控制电路原理图;电器布置图如图 10-17 所示。

3. 训练步骤

(1)按元件明细表将所需器材配齐并检查元件质量。

(2)在电路安装板上按图 10-17 安装所有电器元件及塑槽。

(3)在原理图 10-5 上对主电路和控制回路进行标注。

(4)接主电路,连接前每根连接线的两端应先套入号码管;组合开关进线从端子板引接,热继电器到电动机的连接线也接到端子板即止。

(5)接控制回路,连接前每根连接线的两端也应先套入号码管;从各电器元件与按钮 SB$_1$、SB$_2$、SB$_3$ 的连接线,也接到端子板即止。

(6)连接按钮 SB$_1$、SB$_2$、SB$_3$ 内部的连接线,并引出与其他电器元件的连接导线(每根连接线的两端也要套入号码管),然后对号接到端子板相应的端子上。

(7)检查电路接线的正确性。

(8)经指导老师检查后,进行不带电动机的通电校验,观察交流接触器的动作情况。

图 10-17　电器布置图

(9)证明接线正确后,接入电动机,进行负载通电校验,观察电动机的运转情况。

4. 训练注意事项

(1)紧固电器元件要受力均匀、紧固程度适当,以防止损坏元件。

(2)布线要平直整齐,走线合理,符合工艺要求。

(3)接头不得松动,线芯露出符合规定,不压绝缘层,平压式接桩的导线不反圈。

(4)通电时,必须得到指导老师同意,经初检后,由指导老师接通电源,并在现场进行监护。

(5)通电时出现故障,应立即停电并进行检修,若需带电检查,必须有指导老师在现场监护。

1. 试述三相异步电动机正反转双重互锁控制电路的工作原理。

2. 为了防止两个接触器同时动作,可以采取哪些措施?

3. 电动机的保护装置采用熔断器时,应如何选用熔芯?

4. 电动机降压启动有哪几种方法? 交流电动机所配装的降压启动器,应符合哪些要求?

5. 连续运行的三相异步电动机,什么情况下可以不装缺相保护装置?

6. 电动机操作开关的选择有何规定?

项目 十一 电气防火技术与灭火器的正确使用

项目导入

　　电气火灾是常发安全事故,通过本项目的学习,可了解发生电气火灾的原因,掌握电气防火技术,对减少电气火灾的发生,或迅速扑灭火灾,具有非常重要的作用。

学习目标

　　(1)知道发生燃烧、爆炸的条件,以及发生火灾的原因。
　　(2)知道常见的危险物品及危险环境场所的划分。
　　(3)掌握火灾现场逃生方法。
　　(4)了解灭火原理,熟知电气防火的措施,掌握火灾的扑救方法,能正确选择和使用灭火器材。

项目情境

　　教学建议:充分利用单位即将到期的灭火器进行现场灭火演练。

相关知识

一、燃烧和爆炸的原理

(一)燃烧(火灾)

　　燃烧是一种放热发光的化学反应。只有放热发光而没有化学反应的不能叫作燃烧;不放热不发光的化学反应也不能叫作燃烧。
　　(1)燃烧的三要素:
　　①有可燃物存在。
　　②有助燃物存在。
　　③有火源存在。
　　(2)火焰温度:火焰的温度多在1 000~2 000℃,只有小数低于1 000 ℃或接近3 000 ℃。

(二)爆炸

　　凡是发生瞬间燃烧,同时生成大量的热和气体,并以很大的压力向四周扩散的现象都叫作爆炸,爆炸分物理爆炸和化学爆炸。
　　1. 物理性爆炸:指由于液体变成蒸气或气体,体积膨胀,压力急剧增加,大大超过容器所能承受的极限压力而发生的爆炸。这种爆炸过程完全是物理变化过程。例如,蒸汽锅炉、压缩液化气瓶、油箱等爆炸,都属于物理爆炸。物理爆炸能间接引起火灾。

2. 化学爆炸

化学爆炸是由于爆炸性物质本身发生了化学反应,产生大量气体和较高温度而发生的爆炸。这种爆炸过程包括化学变化过程,原来参加爆炸的物质生成了新的物质。例如,可燃气体、可燃蒸气、粉尘与空气形成混合物的爆炸都属于化学性爆炸。化学爆炸能直接造成火灾。发生化学爆炸必须同时具备以下三个基本条件:

(1)存在易燃气体、易燃液体的蒸气或薄雾、爆炸性粉尘或可燃性粉尘(呈悬浮或堆积状)。

(2)上述物质与空气相混合,达到足以引起爆炸的浓度。

(3)存在足以引起爆炸性混合物的火花、电弧或高温。

(三)危险物品

凡有火灾或爆炸危险的物品统称为危险物品。按照物理、化学性质的不同,危险物品分为以下几种:

1. 爆炸性物品

爆炸性物品如雷汞、黑索金、TNT、硝化甘油、苦味酸等,这类物品受热、摩擦、冲击作用或与某些物质接触时,能发生强烈化学反应而爆炸。

2. 易燃和可燃液体

易燃和可燃液体如汽油、酒精、苯等、柴油、植物油、硝基苯等,这类物品容易挥发,与空气形成爆炸性混合物,引起火灾和爆炸。

3. 可燃及助燃气体

氢、一氧化碳、甲烷等属可燃气体,氧、氯等属助燃气体。这类物品在压缩状态时危险性更大,受冲击或遇到火花能发生燃烧和爆炸。

4. 遇水燃烧物品

遇水燃烧物品如钾、钠等轻金属、钠碳化钙(电石)、氧化钙等,这类物品遇水发生化学反应,放出热量,分解出可燃气体,可引起燃烧和爆炸。

5. 自燃物品

自燃物品如黄磷、硝化纤维胶片、油布、油纸等,这类物品不需外来火源,本身受空气氧化或外界温度、湿度的影响,温度升高达到自燃点而自行燃烧。

6. 易燃固体和可燃固体

(1)易燃固体和可燃固体如硝化纤维素、红磷、二硝基甲苯等,受热后分散出气态产物,很容易燃烧、甚至引起爆炸。

(2)沥青、松香、石蜡等,受热会熔化,进而引起燃烧。

(3)硫黄、镁粉、铝粉等,受热后会直接燃烧。

7. 氧化剂

如氧、硝酸盐、氯酸盐过氧化物、铬酸盐、亚硝酸盐、高硫酸盐等,这类物品本身不会燃烧,但有很强的氧化能力,与某些危险物品接触时能促使危险物品分解,进而引起燃烧和爆炸。

(四)危险物品的性能参数

(1)闪点:能引起闪燃的最低温度叫作闪点。闪点越低,危险性越大,一般认为是可能引起火灾最低的温度。

(2)燃点:能引起着火的最低温度叫作燃点。

(3)自燃点:引起自燃的最低温度叫作自燃点。

(4)爆炸极限:与空气混合而成的爆炸混合物,其浓度都必须在一定的范围内,遇到火源时才发生爆炸,这个浓度范围叫作爆炸浓度极限。能发生爆炸的最低浓度叫作爆炸下限,能发生爆炸的最高浓度叫作爆炸上限。例如,一氧化碳的爆炸浓度范围是 12.5% ~80% ,爆炸下限是 12.5% ,爆炸上限是 80% ,29.5%时燃爆最强烈。

(5)最小引爆电流:引起混合物爆炸的最小电火花所具备的电流称为最小引爆电流。按最小引爆电流分类,爆炸性混合物分为Ⅰ(120 mA 以上)、Ⅱ(70~120 mA)、Ⅲ(70 mA 及以下)三级。

二、危险环境

不同危险环境所选用的防爆电气设备的类型不同,而且所采用的防爆措施也不同。因此,首先必须正确划分所在环境危险区域的大小和级别。根据危险环境场所的危险物质和危险程度的不同,危险环境场所被划分为三类危险场所共八个危险区域。

(一)气体、蒸气爆炸危险环境

根据爆炸性气体混合物出现的频率程度和持续时间不同,气体、蒸气爆炸危险环境划分为 0 区、1 区和 2 区三个危险区域。

1. 0 区(0 级危险区域)

0 区是指正常运行时,连续出现或长时间出现或短时间频繁出现爆炸性气体、蒸气或薄雾的危险区域。除有危险物质的封闭(如密闭容器内部空间、固定顶液体储罐内部空间等)以外,很少存在 0 区。

2. 1 区(1 级危险区域)

1 区是指正常运行时,可能出现(预计周期性出现或偶然出现)爆炸性气体、蒸气或薄雾的危险区域。

3. 2 区(2 级危险区域)

2 区是指正常运行时,不出现爆炸性气体、蒸气或薄雾,即使出现也仅可能是短时间存在的区域。

上述正常运行是指正常的开车、运转、停车;密闭容器盖的正常开闭;产品的取出;安全阀、排气阀的工作状态。正常运行时,所有运行参数均在设计范围之内。

爆炸危险区域的级别主要受释放源特征和通风条件的影响。连续释放比周期性释放的级别高;周期性释放比偶然短时间释放的级别高。良好的通风(包括局部通风)可降低爆炸危险区域的范围和等级。

爆炸危险区域的范围和等级还与危险蒸气密度等因素有关。例如,当蒸气密度大于空气密度时,四周障碍物以内应划为爆炸危险区域,地坑或地沟内应划为高一级的爆炸危险区域;当蒸气密度小于空气密度时,室内上方封闭空间应划为高一级的爆炸危险区域等。

(二)粉尘、纤维爆炸危险环境

根据粉尘、纤维等爆炸性混合物出现的频繁程度和持续时间不同,粉尘、纤维爆炸危险环境被划分为 10 区和 11 区两个危险区域。

1. 10 区(10 级危险区域)

10 区是指正常运行时连续或长时间或短时间频繁出现爆炸性粉尘、纤维的区域。

2. 11 区(11 级危险区域)

11 区是指正常运行时不出现,仅在不正常运行时短时间偶然出现爆炸性粉尘、纤维的区域。

粉尘、纤维爆炸危险环境区域的大小还受粉尘浓度、颗粒度、处理方法、泄漏特征、粉尘沉积量、作业空间大小等因素的影响。

（三）火灾危险环境

火灾危险环境被划分为 21 区、22 区和 23 区三个区域；

1. 21 区

21 区是指在生产过程中产生、使用、加工、储存或转运闪点高于场所环境温度的可燃液体，在数量和配置上能引起火灾危险的场所。

2. 22 区

22 区是指在生产过程中悬浮状、堆积状的可燃粉尘或可燃纤维不可能形成爆炸性混合物，但在数量和配置上能引起火灾危险的场所。

3. 23 区

23 区是指固体状可燃物质在数量和配置上能引起火灾危险的场所。

三、电气火灾和爆炸的原因

为防止电气火灾和爆炸，应当首先了解电气发生火灾和爆炸的原因。各种不同的电气设备，由于它们的结构、运行各有其特点，引发火灾和爆炸的危险性和原因也各不相同。配电电路、照明器具、电动机、电热器具和高、低压开关电器等电气装置都可能引起火灾；电力电容器、电力变压器、电力电缆等电气装置除可能引起火灾外，本身还可能发生爆炸；雷电、寄生静电和电磁感应也可能引起火灾和爆炸。但总的来看，除设备缺陷、安装不当等设计和施工方面的原因外，在运行中，电流的热量和电流的火花或电弧都是引发火灾和爆炸的直接原因。

（一）危险温度

任何电气装置的效率都不可能是 100% 的，即电气装置的功率损耗客观存在，而电气装置的发热主要是由载流导体和铁磁材料（磁路部分）中的功率损耗造成的。此外，由于机械摩擦、漏磁、谐波等原因，还会在电气设备里产生附加损耗，造成发热。所以，电气设备运行时总要发热的，但是，正确设计、正确施工、正确运行的电气设备，稳定运行时，即发热与散热平衡时，其最高温度与最高温升（指最高温度与周围环境温度之差）都不会超过某一允许范围。

在实际应用中，电气设备正常的发热是允许的。但当电气设备的正常运行遭到破坏时，发热量增加，温度升高，成为危险温度，在一定条件下可以引起火灾。因此，电气设备过度发热会引起危险温度。也就是说，危险温度是电气设备过热造成的，而电气设备过热主要是由电流的热量造成的。电气设备引起危险温度（过度发热）的原因有以下几点：

1. 短路

载流导体的发热量与电流的平方成正比，因此，当电路或电气设备发生短路时，由于流过导体的电流会迅速增加，为正常时的数倍甚至数十倍，因而电路或电气设备的温度也随即急剧上升，温度大大超过允许范围。如果温度达到可燃物的自燃点，即会引起燃烧，从而可以导致火灾。而造成电路或电气设备短路的原因很多，例如：

（1）当电路或电气设备的绝缘老化变质，或受到高温、潮湿或腐蚀的作用而失去绝缘能力时，可能会引起短路事故。

（2）绝缘导线直接缠绕、钩挂在铁钉或铁丝上时，也很容易使绝缘破坏而形成短路。

（3）由于电气设备的安装不当或工作疏忽，可能使电气设备的绝缘受到机械损伤而形成短路。相线与零线直接短路则产生更大的短路电流。

（4）由于雷击等过电压的作用，电气设备的绝缘可能遭到击穿而形成短路。

（5）由于所选用的电气设备的额定电压太低，不能满足工作电压的要求，可能会因绝缘被击穿而短路。

（6）在安装和检修工作中,由于接线或操作的错误,也可能造成短路事故。

2. 过载

由于负荷过载,也会引起电气设备过热而产生危险温度,引发火灾事故。造成过载的原因大体上有如下三种情况:

（1）设计选用的电路设备不合理,或没有考虑适当的裕量,以至在正常负载下出现过热。

（2）使用不合理,即电路或设备的负载超过额定值、或连续使用时间过长,超过电路或的设计能力,由此造成过热。

（3）设备故障运行会造成设备和电路过负载。例如,三相电动机缺相运行可能造成过载。

3. 接触不良

接触部位是电路中的薄弱环节,是产生危险温度的主要部位之一。

不可拆卸的接头不牢、焊接不良或接头外混有杂质,都会增加接触电阻而导致接头发热。可拆卸的接头连接不紧密或由于震动而松动,也会导致接头发热,这种发热在大功率电路中,表现得尤为严重。

假设电路中的工作电流为 100 A,某接头或其垫片,由于油污、灰尘或锈蚀而具有 0.1 Ω 的电阻,则仅此一处接头就产生电路压降 $U = IR = 100 \times 0.1$ V $= 10$ V,在此处消耗的电功率 $P = IU = 100 \times 10$ W $= 1\,000$ W,即仅此处接触不良就相当于存在一个 1 kW 的电炉在日夜不停地发热,情况的严重性可想而知。

至于活动触点,如刀开关的触点、接触器的触点、插式熔断器(插保险)的触点、插销的触点、灯泡与灯头的接触处等活动触点,如果没有足够的接触压力或接触表面粗糙不平,也会导致触点过热。对于铜铝接头,由于铜和铝的电性不同,接头处易因电解作用而腐蚀,从而导致接头过热。

4. 铁芯发热

对于电动机、变压器、接触器等带有铁芯的电气设备,如铁芯短路(片间绝缘破坏),或线圈电压过高且长时间工作,或通电后铁芯不能吸合等,都会使铁芯的涡流损耗和磁滞损耗增加,造成铁芯过热,从而产生危险温度。

5. 漏电

漏电电流一般不大,不能促使电路的熔丝动作。如果漏电电流沿电路比较均匀地分布,则发热量分散,火灾危险性一大;但当漏电电流集中在某一点时,可能引起比较严重的局部发热,引燃成灾。

6. 散热不良

各种电气设备在设计和安装时都考虑有一定的散热、通风措施,如果这些措施遭到破坏,如散热油管堵塞、通风道堵塞、安装位置不当、环境温度过高或距离外界热源太近等,均可能造成散热不良,导致电气设备或电路过热。

7. 机械故障

对于带有电动机的设备,如果被卡死或轴承损坏,造成堵转或负载转矩过大,都将造成电动机过热。

8. 电热器具和照明灯具

小电炉、电烘箱、电熨斗、电烘铁、电褥子等电热器具和照明灯具的工作温度较高,如果这些发热元件紧贴在可燃物上或离可燃物太近,极易引燃成灾。

（二）电火花和电弧

电火花是电极间的击穿放电,而电弧是大量的电火花汇集而成的。电火花的温度很高,特别是电弧,温度可高达 3 000~6 000℃是。因此,电火花和电弧不仅能引起可燃物燃烧,还能使金属熔化、飞溅,构成危险的火源。在有爆炸危险的场所,电火花和电弧更是一个十分危险的因素。

在生产和生活中,电火花是经常见到的。电火花大体包括工作火花和事故火花两类。

1. 工作火花

工作火花是指电气设备正常工作时或正常操作过程中产生的火花。例如,刀开关、断路器、接触器、控制器接通和断开电路时会产生电火花;直流电动机电刷与整流子滑动接触处、交流电动机电刷与滑环滑动接触处也会产生电火花;切断感性电路时,断口处将产生比较强烈的电火花等。

2. 事故火花

事故火花是指电路或设备发生故障时出现的火花。例如,电路发生故障,保险丝熔断时产生的火花;导线过松导致短路或接地时产生的火花。事故火花还包括由外来原因产生的火花,如雷电火花、静电火花、高频感应电火花等。

电动机转子和定子发生摩擦(扫堂)或风扇与其他部件相碰也都会产生火花,这是由碰撞引起的机械性质的火花。还应当指出的是,灯泡破碎瞬时温度达 2 000~3 000℃的灯丝有类似火花的危险作用。

就电气设备来讲,外界热源也可能引起火灾或爆炸的危险。例如,变压器周围堆积杂物、油污,并由外界火源引燃,可能导致变压器喷油燃烧甚至爆炸事故。

电气设备本身,除油断路器、电力变压器、电力电容器、充油套管等充油设备可能爆裂外,一般不会出现爆炸事故。下列情况可能引起空间爆炸:

(1)周围空间有爆炸性混合物,在危险温度或电火花作用下引起空间爆炸。

(2)充油设备的绝缘油在电弧作用下分解和汽化,喷出大量油雾和可燃气体,引起空间爆炸。

(3)发电机的氢冷装置漏气、酸性蓄电池排出氢气等,形成爆炸性混合物,引起空间爆炸。

四、防火、防爆措施

从根本上说,所有防火、防爆措施都是控制燃烧和爆炸的三个基本条件,使之不能同时出现。因此,防火、防爆措施必须是综合性的措施,除了选用合理的电气设备外,还包括必要的防火间距、保持电气设备正常运行、保持通风良好、采用耐火设施、装设良好的保护装置等技术措施。

(一)消除或减小爆炸性混合物

消除或减小爆炸性混合物的主要技术措施如下:

(1)采取封闭式作业,防止爆炸性混合物泄漏。

(2)清理现场积尘,防止爆炸性混合物积累。

(3)采取开放式作业或通风措施,稀释爆炸性混合物。

(4)在危险空间充惰性气体或不活泼气体,防止形成爆炸性混合物。

(5)设计下压室,防止爆炸性混合物侵入。

(6)安装报警装置,当混合物中危险物品的浓度到其爆炸下限的10%时,报警装置报警。

(二)保持防火间距与隔离

选择合理的安装位置,保持必要的安全间距,也是防火、防爆的一项重要措施。电气装置,特别是高压、充油的电气装置,应与爆炸危险区域保持规定的安全距离。变电室、配电室不应设在容易沉积可燃粉尘或可燃纤维的地方。天车滑触线的下方,不应堆放易燃物品。

隔离是将电气设备分室安装,并在隔墙上采取封堵措施,以防止爆炸性混合物流入。电动机隔墙传动、照明灯隔玻璃照明等都属于隔离措施。为了防止电火花或危险温度引起火灾,开关、插销、熔断器、电热器具、照明器具、电焊设备、电动机等均应根据需要,适当避开易燃物或易燃建筑构件。

10 kV 及以下的变、配电室不应设在爆炸危险场所的正上方或正下方;变电室、配电室与爆炸危险场所或火灾危险场所毗连时,隔墙应是非燃材料制成的。

(三) 消除引燃源

消除引燃源的主要措施如下:

(1)按爆炸危险环境的特征和危险物的级别、组别选用电气设备和设计电气电路。

(2)保持电气设备和电气电路安全运行。安全运行包括电流、电压、温升和温度不超过允许范围,包括绝缘良好、连接和接触良好、整体完好无损、清洁、标志清晰等。安全运行还包括电气设备的最高表面温度不超过表 11-1 和表 11-2 所列的规定。

表 11-1　气体、蒸气爆炸危险场所电气设备最高表面温度

组　　别	T_1	T_2	T_3	T_4	T_5	T_6
最高表面温度/℃	450	300	200	135	100	85

表 11-2　粉尘、纤维爆炸危险场所电气设备最高表面温度

引燃温度组别	无过负荷的设备	有过负荷的设备
T_{11}	215 ℃	195 ℃
T_{12}	160 ℃	145 ℃
T_{13}	120 ℃	110 ℃

(3)在爆炸危险环境应尽量少用携带式设备和移动式设备,一般情况下不应进行电气测量工作。

(四) 危险场所接地和接零

爆炸危险场所的接地(或接零)较一般场所要求高,所以应注意以下几点:

1. 接地、接零实施范围

在爆炸危险场所,除生产上有特殊要求的以外,一般场所不要求接地(或接零)的部分仍应接地(或接零)。例如,在不良导电地面处,交流电压 380 V 及以下、直流电压 440 V 及以下的电气设备正常时不带电的金属外壳,直流电压 110 V 及以下、交流电压 127 V 及以下的电器设备,以及敷设有金属包皮且两端已接地的电缆用的金属构架,这些电气设备在正常干燥场所允许不采取接地或接零措施,但在爆炸危险环境,仍应接地或接零。

2. 整体性连接

在危险场所内的所有不带电金属,必须接地(或接零)并连接成连续整体,以保持电流途径不中断;接地(或接零)干线宜在爆炸危险场所不同方向不少于两处与接地体相连,连接要牢靠,以提高可靠性。

3. 保护导线

单相设备的工作零线应与保护零线分开,相线和工作零线均应装设短路保护装置,并装设双极开关同时操作相线和工作零线。保护导线的最小截面:铜线不得小于 4 mm²,钢线不得小于 6 mm²。

4. 保护方式

在不接地电网中,必须装设一相接地时或严重漏电时能自动切断电源的保护装置或能发出

声、光双重信号的报警装置。在中性点直接接地的电网中,最小单相短路电流不得小于该段电路熔断器额定电流的 5 倍或自动开关瞬时(或短延时)动作过电流脱扣器整定电流的 1.5 倍。

五、电气灭火常识

与一般火灾相比,电气火灾有两个显著的特点:一是着火的电气设备可能带电,扑灭时若不注意就会发生触电事故;二是有些电气设备充有大量的油(如电力变压器、多油断路器等),一旦着火,可能发生喷油甚至爆炸事故,造成火焰蔓延,扩大火灾范围。因此,根据现场情况,可以断电的应断电灭火,无法断电的则带电灭火。

(一)触电危险和断电

1. 触电危险

(1)火灾发生后,电气设备和电气电路可能是带电的,如果不注意,没有及时切断电源,扑救人员持器械接触带电部分,就会造成触电事故。

(2)使用导电的灭火剂喷射到带电部分,也可能造成触电事故。

(3)绝缘损坏或电线断落接地短路,使正常时不带电的金属构架、地面等部分带电,也可能导致接触电压或跨步电压触电的危险。

2. 断电

切断电源时要注意以下几点:

(1)火灾发生后,由于受潮或烟熏,开关设备绝缘能力降低,因此拉闸时最好用绝缘工具操作。

(2)先拉负荷开关,后拉隔离开关,以免引起弧光短路。

(3)切断电源的地点要选择适当,防止切断电源后影响灭火工作。

(4)剪断电线时,不同相电线应在不同部位剪断,以免造成短路。剪断空中电线时,剪断位置应选择在电源方向的支持物附近,以防止电线剪断后断落下来造成接地短路和触电事故。

(二)带电灭火安全要求

原则上要求不带电灭火,但有时为了争取灭火时间,防止火灾扩大,来不及断电;或因生产需要或其他原因不能断电,则需要带电灭火。带电灭火必须注意以下几点:

(1)电气设备起火时,应尽快切断电源,若来不及切断电源,应选择二氧化碳、干粉灭火器灭火。禁止用泡沫灭火器或水灭火。

(2)灭火时宜采用喷雾水枪,这种水枪泄漏电流较小,带电灭火比较安全;用普通直流水枪时,要做好绝缘安全措施,如可将水枪喷嘴接地,也可穿戴绝缘手套、绝缘靴或穿均压服工作。

(3)注意人与带电体之间的安全距离:用水枪时,水枪喷嘴与带电体的距离为:电压 110 kV 及以上者不应小于 3 m;电压 220 kV 及以上者不应小于 5 m。用灭火器时,身体、喷嘴至带电体的最小距离:10 kV 者不小于 0.4 m,35 kV 者不应小于 0.6 m。

(4)架空电路等空中设备进行灭火时,人体位置与带电体之间的仰角不应超过 45°,以防导线断落危及灭火人员的安全。

(5)如果带电导线断落在地面上,必须划出一定的警戒区,防止跨步电压伤人。

(三)充油电气设备灭火要求

充油设备的油,闪点多在 130~140 ℃之间,有较大的危险性。所以,在灭火时要求:

(1)如果只在设备外部起火,可用二氧化碳、干粉灭火器灭火。

(2)如火势较大,应切断电源,并可用水灭火。

(3)如油箱、喷油燃烧,火势很大时,除切除电源外,有事故储油坑的应设法将油放进储油坑,坑内和地上的油可用泡沫扑灭。

（4）要防止燃烧着的油流入电缆沟而顺沟蔓延,电缆沟内的油只能用泡沫覆盖扑灭。

（四）旋转电动机的灭火

发电机和电动机等旋转电机起火时,为防止轴和轴承变形,避免绝缘受损,所以在灭火时要求：

（1）慢慢转动电机转轴,用喷雾水枪扑灭火,并使其均匀冷却；也可用二氧化碳或者蒸汽灭火。

（2）不宜用干粉、砂子或泥土灭火,以免损坏电气设备的绝缘层。

六、电气起火灭火

（一）火灾的分类

（1）A 类火灾:指由木材、棉、毛、麻、纸张等碳固体可燃物引起的火灾。

（2）B 类火灾:指由汽油、煤油、柴油、甲醇、乙醚、丙酮等易燃液体引起的火灾。

（3）C 类火灾:指由煤气、天然气、甲烷、丙烷、乙炔、氢气等易燃气体引起的火灾。

（4）D 类火灾:指由钾、镁、钠、钛、锆、锂、铝合金等易燃可燃金属引起的火灾。

（5）E 类火灾:指由电物体引起的火灾。

（二）灭火器的分类

（1）按其移动方式可分为:手提式灭火器和推车式灭火器。

（2）按驱动灭火剂的动力来源可分为:储气式灭火器、储压式灭火器、化学反应式灭火器。

（3）按所充装的灭火剂则又可分为:泡沫灭火器、干粉灭火器、二氧化碳灭火器、酸碱灭火器、清水灭火器等。

（三）干粉灭火器

干粉灭火器如图 11-1 所示。

1. 灭火剂的主要成分

灭火剂的主要成分主要有碳酸氢钠干粉、改性钠盐干粉、钾盐干粉、磷酸二氢铵干粉、磷酸氢二铵干粉、磷酸干粉和氨基干粉灭火剂等。

2. 喷射动力

主要使用二氧化碳（CO_2）或氮气（N_2）。

3. 干粉灭火器的灭火原理

干粉灭火器利用二氧化碳气体或氮气气体作动力,将筒内的干粉喷出,粉雾与火焰接触、混合时发生的物理、化学作用灭火：

（1）干粉中的无机盐的挥发性分解物,与燃烧过程中燃料所产生的自由基或活性基团发生化学抑制和副催化作用,使燃烧的链反应中断而灭火。

（2）干粉的粉末落在可燃物表面外,发生化学反应,并在高温作用下形成一层玻璃状覆盖层,从而隔绝氧,进而窒息灭火。

（3）另外,还有部分稀释氧和冷却作用。

4. 干粉灭火器的种类

（1）按移动方式分:有手提式、背负式、悬挂式和推车式四种。

（a）手提式　　　　（b）手推车式

图 11-1　干粉灭火器

(2)按灭火剂分:有 BC 干粉灭火器和 ABC 干粉灭火器两大类。

5. 干粉灭火器的适用范围

适用于扑救易燃液体及气体的初起火灾,也可扑救带电设备的火灾,其中 MFZ/ABC 型还可用于扑救易燃固体的火灾。广泛应用于油田、油库、工厂、商店、配电室等场所,是预防火灾发生、保障人民生命财产安全的必备消防装备。

(四)二氧化碳灭火器

二氧化碳灭火器如图 11-2 所示。

(1)灭火剂的主要成分:液态二氧化碳灭火剂。

(2)灭火原理:二氧化碳灭火器瓶体内储存液态二氧化碳,当压下瓶阀的压把时,内部的二氧化碳灭火剂便由虹吸管经过瓶阀到喷筒喷出,使燃烧区氧的浓度迅速下降,当二氧化碳达到足够浓度时火焰会窒息而熄灭。同时,由于液态二氧化碳会迅速气化,在很短的时间内吸收大量的热量,因此对燃烧物起到一定的冷却作用,也有助于灭火。

(3)适用范围:二氧化碳灭火器是一种清洁、无毒,灭火后对环境、设备不造成任何污染的灭火器。它适用于扑救易燃液体及气体的初起火灾,也可扑救带电设备的火灾;常应用于实验室、计算机房、变配电所,以及对精密电子仪器、贵重设备或物品维护要求较高的场所。

图 11-2　二氧化碳灭火器

(五)水基型水雾灭火器

水基型水雾灭火器如图 11-3 所示。

(1)灭火剂主要成分:主要有碳氢表面活性剂、氟碳表面活性剂、阻燃剂。

(2)喷射动力:主要使用氮气 N_2,也可以用压缩空气。

(3)灭火原理:水基型水雾灭火器在喷射后,成水雾状,瞬间蒸发火场大量的热量,迅速降低火场温度,抑制热辐射;表面活性剂在可燃物表面迅速形成一层水膜,隔离氧气,起降温、隔离双重作用,同时参与灭火,从而达到快速灭火的目的。

(4)水基型水雾灭火器的特点:

①绿色环保,灭火后药剂可 100% 生物降解,不会对周围设备、空间造成污染。

②高效阻燃、抗复燃性强。

③灭火速度快,渗透性极强。

④可用于火场自救。在起火时,将水雾灭火器中的药剂喷在身上,并涂抹于头上,可以使自己在普通火灾中完全免除火焰伤害,在高温火场中最大限度地减轻烧伤。

(5)适用范围:能灭 A、B、C、E 类火灾,即除可燃金属起火外全部可以扑救,并可绝缘 36 kV 电压,是扑救电器火灾的最佳选择。

(6)性能参数(见表 11-3):

图 11-3　水基型水雾灭火器

表 11-3　水基型水雾灭火器参数性能

型号规格项目指标	MSJ490 简易式灭火器	MSQZ3 手提式灭火器	MSQZ6 手提式灭火器
灭火剂充装量	490 mL	0.15~3 L	0.3~6 L
驱动气体压力/MPa	0.8~1.0(空气)	1.2(氮气)	1.2(氮气)
有效喷射时间/s	≥5.0	≥15.0	≥30.0
有效喷射距离/m	≥3.0	≥4.0	≥6.0
喷射剩余率/%	≤10	≤8.0	≤8.0
爆破压力/MPa	≥1.8	≥5.5	≥5.5
灭 1 000 V 以下 E 类火导电电流	≤0.5 mA		
使用温度	5~55 ℃		

七、水基型泡沫灭火器

水基型泡沫灭火器如图 11-4 所示。

（1）灭火剂主要成分：AFFF 水成膜泡沫灭火剂。

（2）喷射动力：主要使用氮气。

（3）灭火原理：使用水基型泡沫灭火器灭火时，能喷射出大量 AFFF 水成膜泡沫灭火剂，黏附在可燃物上，使可燃物与空气隔绝，达到灭火的目的。

（4）适用范围：适用于扑救易燃固体或液体的初起火灾，但不可扑救带电设备的火灾，广泛应用于油田、油库、轮船、工厂、商店等场所，是木竹类、织物、纸张及油类物质的开发加工、储运等场所的消防必备品。

图 11-4　水基型泡沫灭火器

一、常用的灭火方法

该项目开始时曾讲述了燃烧（火灾）的三要素：有可燃物存在、有助燃物存在、有火源存在，三者缺一不可。因此，要想灭火，必须从这三要素入手，只要发生燃烧的其中一个要素不存在，燃烧就会熄灭。常用的灭火方法如下：

（一）冷却灭火法

这种灭火法的原理是将灭火剂直接喷射到燃烧的物体上，以降低燃烧的温度于燃点之下，使燃烧停止。或者将灭火剂喷洒在火源附近的物质上，使其不因火焰热辐射作用而形成新的火点。简单地说就是消除火源，使燃烧停止。

冷却灭火法是灭火的一种主要方法，常用水和二氧化碳作灭火剂冷却降温灭火。灭火剂在灭火过程中不参与燃烧过程中的化学反应，这种方法属于物理灭火方法。

（二）隔离灭火法

隔离灭火法是将正在燃烧的物质和周围未燃烧的可燃物质隔离或移开，中断可燃物质的供给，使燃烧因缺少可燃物而停止。简单地说就是使可燃物不存在，致使燃烧停止。具体方法如下：

(1)把火源附近的可燃、易燃、易爆和助燃物品搬走。

(2)关闭可燃气体、液体管道的阀门,以减少和阻止可燃物质进入燃烧区。

(3)设法阻拦流散的易燃、可燃液体。

(4)拆除与火源相毗连的易燃建筑物,形成防止火势蔓延的空间地带。

(三)窒息灭火法

窒息灭火法是阻止空气流入燃烧区,或用不燃烧区、不燃物质冲淡空气,使燃烧物得不到足够的氧气而熄灭的灭火方法。简单地说就是使助燃物不存在,致使燃烧停止。具体方法如下:

(1)用沙土、水泥、湿麻袋、湿棉被等不燃或难燃物质覆盖燃烧物。

(2)喷洒雾状水、干粉、泡沫等灭火剂覆盖燃烧物。

(3)用水蒸气或氮气、二氧化碳等惰性气体灌注发生火灾的容器、设备。

(4)密闭起火建筑、设备和孔洞。

(5)把不燃的气体或不燃液体(如二氧化碳、氮气、四氯化碳等)喷洒到燃烧物区域内或燃烧物上。

二、火灾逃生自救十二要诀

(一)第一要诀:熟悉环境,牢记出口

当身处陌生环境,特别是室内大型场所,如商场、电影院、歌厅、酒店等大型建筑物时,为自身安全,要熟悉疏散通道、安全出口及楼梯方位等,以便关键时刻能迅速找到安全出口,尽快逃离危险现场。

请记住:安全无事时要居安思危,给自己预留一通路。

(二)第二要诀:通道出口,畅通无阻

楼梯、通道、安全出口等是火灾发生时最重要的逃生之路,应保证畅通无阻,切不可堆放杂物或设闸上锁,以便紧急时能安全迅速通过。

请记住:自断后路,难于求生。

(三)第三要诀:扑灭小火,惠及他人

当发生火灾时,如果发现火势不大,且尚未对人造成很大威胁,当周围有足够的消防器材(如灭火器、消防栓等)时,应奋力将小火控制、扑灭,千万不要惊慌失措地乱叫乱窜,置小火不顾而酿成大灾。

请记住:争分夺秒,扑灭"初期火灾"。

(四)第四要诀:保持镇静,明辨方向,迅速撤离

突遇火灾,面对浓烟和烈火时,首先要强令自己保持镇静,迅速判断危险地点和安全地点,决定逃生的办法,尽快撤离险地。千万不要盲目地跟从人流相互拥挤、乱冲乱窜。撤离时要注意朝明亮或外面空旷地跑,要尽量往楼下面跑,若通道已被烟火封阻,应背向烟火方向离开,通过阳台、气窗、天台等往室外逃生。

请记住:只有沉着镇静,才能想出好办法。

(五)第五要诀:不入险地,不贪财物

身处险境,应尽快撤离,不要因害羞或顾及贵重财物,而把逃生时间浪费在寻找搬离贵重物品上。已经逃离险境的人员,切莫重返险地,自投罗网。

请记住:留得青山在,不怕没柴烧。

(六) 第六要诀:简易防护,蒙鼻匍匐

逃生时如经过充满烟雾的路线,要防止烟雾中毒,预防窒息。为了防止火场浓烟呛入,可采用毛巾、口罩蒙鼻、匍匐撤离的办法,烟气较空气轻而飘于上部,贴近地面撤离是避免烟气吸入、滤去毒气的最佳方法。穿过烟火区,应佩戴防毒面具、头盔、阻燃隔热服等护具,如无这些护具,可向头部、身上浇冷水或用湿毛巾、湿棉被或湿毯子等,将头、身裹好再冲出去。

请记住:多件防护工具在手,总比赤手空拳好。

(七) 第七要诀:善用通道,莫入电梯

规范设计的建筑物,都会有两条以上的逃生楼梯通道或安全出口。发生火灾时,要根据情况选择进入相对较为安全的楼梯通道,除可以采用的楼梯外,还可以利用建筑物的阳台、窗台、天面屋顶等攀到周围的安全地点,沿着下水管、避雷线等建筑物结构中凸出物滑下也可以脱险。在高层建筑中发生火灾时,千万不要乘电梯逃生,因为电梯会随时断电或因热变形而使人被困,同时各层的烟雾都能进入电梯井,会直接威胁被困人员。

请记住:逃生时候,乘电梯极危险。

(八) 第八要诀:缓降逃生,滑绳自救

高层、多层公共建筑内一般有高空缓降器或救生绳,可以利用它们脱离危险楼层,如没有这些求生设备,可以利用身边的绳索或床单、窗帘、衣服等自制简易救生绳并用水打湿,从窗台或阳台沿绳缓滑到下面楼层或地面。

请记住:胆大心细,救命绳就在身边。

(九) 第九要诀:避难场所,固守待援

假如用手摸房门已感到烫手,此时一旦开门,火焰与浓烟势必迎面扑来,逃生通道被切断,且短时内无人救援,这时候,可采取创造避难场所,固守待援的办法。首先应关紧迎火的门窗,打开背火的门窗,用湿毛巾、湿布塞堵门逢或用水浸湿棉被蒙上门窗,然后不停用水淋透,防止烟火渗入,固守房内,直到救援人员到达。

请记住:坚盾可拒利矛。

(十) 第十要诀:缓晃轻抛,寻求援助

逃生通道被切断,被迫在避难场所待援的时候,除了固守以外,还要及时通知他人前来救援。此时,应迅速用通信设备打 110 或 119 报警,如无通信设备,可用白色或红色的布伸出窗台缓晃、向楼下轻抛衣服、毛巾、布片等轻物,寻求他人援助。

请记住:充分暴露自己,才能争取有效拯救自己。

(十一) 第十一要诀:火已及身,切勿惊跑

身上着了火,千万不可惊跑或用手拍打,应赶紧设法脱衣或就地打滚,压灭火苗,跳入水中或向身上浇水、喷灭火剂更好、更有效。

请记住:就地打滚虽狼狈,烈火焚身可免除。

(十二) 第十二要诀:跳楼有术,虽损求生

跳楼逃生也是一种方法,但应注意:只有消防人员准备好救生气垫且楼层不高(一般 4 层以下)、非跳楼即烧死的情况下,才采用此法。跳时也要讲技巧,尽量往气垫中部跳,或选择有水池、软雨篷、草地等方向跳,如有可能,要尽量抱些棉被、沙发垫等松软物品或打开大雨伞跳,以减缓冲击力。如果徒手跳楼,一定要扒窗台或阳台,使身体自然下垂跳下,以尽量降低垂直距离,落地前要双手抱紧头部,身体弯曲成一团,以减少伤害。

请记住:跳楼不等于自杀,关键是要有办法。

技能训练：灭火器的正确使用

技能训练一　干粉灭火器的正确使用

1. 训练目的

掌握干粉灭火器的灭火方法。

2. 训练器材

手提式干粉灭火器。

3. 训练步骤

（1）右手握着压把,左手托着灭火器底部,轻轻地取下灭火器,或打开消防箱顶盖,右手握着压把,将灭火器提出消防箱。

（2）右手握着灭火器跑到现场。

（3）将灭火器上下颠倒几次,使筒内干粉松动,拔出保险销。

（4）左手握着喷管(无喷管的托底部),右手提着压把,在距火焰最佳距离的地方,右手用力压下压把,喷嘴对着火焰根部左右摆动,喷射干粉覆盖燃烧区。

4. 训练注意事项

（1）动作要迅速果断,以免错过最佳灭火时机。

（2）灭火时人要站在上风口,并注意喷射距离及与带电体的距离。2~3 kg 干粉灭火器的喷射距离为 2~3 m。

（3）喷射前,最好将灭火器上下颠倒几次,使筒内干粉松动,但喷射时不能倒置。

（4）灭液体火(B 类火)时,不能直接向液面喷射,要由近向远,在液面上 10 cm 左右快速摆动,覆盖燃烧面,切割火焰。

（5）灭 A 类火时可先由上向下压制火焰后,对燃烧物上下左右前后都要喷匀灭火剂,以防止复燃。

（6）不宜用于电机、污染损伤绝缘设备的火灾。

（7）不要扑救电压超过 5 000 V 的带电物体火灾。

（8）灭火器一经开启,即使喷出不多,也必须按规定要求送专业维修部门充装,不得随便更改灭火剂的品种和重量。

（9）注意防潮,定期检查驱动气体是否合格,如压力表指针在红色区域,或灭火器使用年限已过,必须按规定要求进行检修。

（10）干粉灭火器存放时应放置牢靠,存放地点通风干燥。存放环境温度为:−10~45 ℃,不得受到烈日暴晒、接近火源或受剧烈振动。

技能训练二　二氧化碳灭火器的正确使用

1. 训练目的

掌握二氧化碳灭火器的灭火方法。

2. 训练器材

手提二氧化碳式灭火器。

3. 训练步骤

（1）右手握着压把,左手托着灭火器底部,轻轻地取下灭火器,或打开消防箱顶盖,右手握着压把,将灭火器提出消防箱。

(2)右手握着灭火器跑到现场。

(3)拔出保险销。

(4)左手握着喇叭筒,右手提着压把,在距火焰 2 m 的地方,右手用力压下压把,对着火焰跟部喷射,并不断推前,直至把火焰扑灭。

4. 训练注意事项

(1)要迅速果断,以免错过最佳灭火时机。

(2)不宜在室外大风时使用。灭火时离火源不能过远,一般 2 m 左右较好;带电灭火时要注意与带电体的距离。

(3)喷射时手不要接触金属部分,以防冻伤。

(4)在空气不流畅的场所,喷射后应立即通风;在较小的密闭空间或地下坑道喷射后,人要立即撤出,以防止窒息。(二氧化碳在空气中的浓度达到5%时,人就会感到呼吸困难,浓度超过10%时,人就会死亡)。

(5)灭油类火灾时,喷筒不能距离油面太近,以免把油液吹散,使火灾扩大。

(6)若灭 600 V 以上的电器火灾时,应先切断电源。

(7)不能扑灭轻金属的火灾,也不宜用于在惰性介质中燃烧的硝基纤维、含氧炸药等物质的火灾。

1. 试述干粉灭火器的使用注意事项。

2. 试述二氧化碳灭火器的使用注意事项。

3. 试述燃烧的三要素。

4. 常用的灭火方法有哪几种? 如何操作?

5. 消除引燃源的主要措施有哪些?

6. 危险环境场所是如何划分的?

7. 防止火灾的主要措施有哪些?

8. 试述带电灭火的注意事项。

9. 在火灾现场切断电源时要注意哪些事项?

参 考 文 献

[1]杨有启.电工安全知识与操作技能[M]. 北京:中国劳动社会保障出版社,2010.

[2]王炳勋.电工实习教程[M]. 北京:机械工业出版社,1999.

[3]韩广兴.电气技师实用手册[M]. 北京:电子工业出版社,2013.

[4]王晔.电工技能实训[M]. 北京:人民邮电出版社,2010.